做個忙而不盲的上班族

康昱生，田由申 —— 著

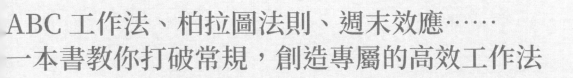

ABC 工作法、柏拉圖法則、週末效應……
一本書教你打破常規，創造專屬的高效工作法

為什麼同事高效率，而你卻像隻蝸牛！

你是不是工作到很晚時都累趴了？
你是不是常常「找東西」正在氣頭上？
你是不是總共提不起精神低落，欲振乏力？

那麼，請打開本書吧！
本書將為你疲憊的日常帶來巨大的改變

崧燁文化

目錄

目錄

第五章　好方法，讓你工作很輕鬆

目錄

第九章　玩得好才能做得好

第十章　隨身帶上七個工作好習慣

目錄

前言

工作是一個人生存不可或缺的手段，工作是一個人能力高低的最重要的展現，工作是衡量一個人成功與否的一個重要標準，工作是一個人社會地位的一個重要表徵……總之，工作是一個人一生最重要的事情。

當今社會，越來越快的工作節奏，打破了我們原有的生活節奏，也漸漸奪走了生活本身應有的快樂與舒適。生活的快節奏使我們的工作壓力越來越大，許多人對待工作幾乎到了奮不顧身的地步，也促使著他們不得不去拚命工作，加班更是他們的家常便飯。他們的心理壓力也不斷的在提高，或擔心自己沒有進展，或擔心業績拉不上去，或擔心在競爭中處於下風……導致他們出現緊張焦慮、煩躁不安、容易發火、情緒低落、反應遲鈍、記憶力下降等心理反應。

曾有一項專業調查顯示：有 61% 的上班族經常感到「心累」，他們的壓力主要來自工作，占 48.9%。上班族承受的心理壓力遠遠超過一般人，比如：所做的工作不是興趣所在、對自己要求過高、心理承受力不足、老闆把過大的壓力轉嫁給員工等因素，都會使他們遭受很大的挫敗感，在工作上感到力不從心。

面對眾多工作，不少人往往無所適從，有時終日忙得不可開交，卻仍然無法從繁重的工作中解放出來。為什麼同樣一項工作，有些同事完成得又快又好，而你卻像一隻蝸牛一般？你是不是責任心很強，無時無刻都緊繃著工

前言

作的弦，不敢鬆懈，「心累」常常掛在你嘴邊？你是不是總覺得自己情緒低落、缺乏工作熱情，可又不得不勉強撐著工作？

我們的一生總有那麼多的責任、那麼多的使命、那麼多的欲望，工作的壓力、事業的打拚，成功的欲望像大山一樣壓在我們的頭上，重重的卡在我們的內心，還不時侵襲著我們的神經。於是我們為了能在工作上取得成就而在艱苦奮鬥，為了養家糊口我們在工作中不辭辛勞，為了名利我們在工作中奮力打拚。在整日忙碌中，各種職業病或其他不適症狀不知不覺的向我們襲來，在巨大工作壓力下，我們的健康也頻頻亮起了紅燈。

面對現代社會這樣快節奏的工作，我們職場人如何從工作中找尋到生活固有的快樂？如何駕馭工作這匹烈馬？如何讓我們工作起來更輕鬆，如何讓我們工作得更有效率，如何讓我們更快速提升業績？

……

那麼，請你打開本書吧！本書從工作心態、工作計畫、工作方法、工作習慣、充電學習、職場關係、健康工作等十個方面入手，教你從辛苦工作到喜歡工作到會工作，讓你輕輕鬆鬆的在事業上獲得更大的成功！

第一章

工作不僅僅是一碗飯

　　工作態度決定了一個人的工作成就。態度決定一切。工作不僅僅是為了生存，為了薪水，為了一碗飯，而是我們每個人價值實現的展現。假如我們不能選擇工作，何不嘗試改變對工作的態度。

要有「火」一樣的熱情

一個員工的工作態度決定著他的績效。如果他只覺得工作是一種苦役，就像奴隸在主人的皮鞭督促之下一樣，那他只是公司的一個包袱，是不會給公司帶來效益的，這樣的員工越多，公司倒閉得越快。

有這樣一個故事：

一天，主人把貨物裝在兩輛馬車上，讓兩匹馬各拉一輛車。在路上，一匹馬漸漸落後在了後面，並且走走停停。主人便把後面一輛車上的貨物全放到前面的車上去。當後面那匹馬看到自己車上的東西都搬完了，便開始輕快的前進，並且對前面那匹馬說：「你辛苦吧，流汗吧，你越是努力做，主人越要折磨你。」

到達目的地後，有人對主人說：「你既然只用一匹馬拉車，那麼你養兩匹馬幹嘛？不如好好的餵一匹，把另一匹宰掉，總還能拿到一張皮吧。」於是主人便真的這樣做了。

由此看出，一個員工在工作中如果存在著抱怨、消極和斤斤計較，把工作看成是苦役的話，那麼，他對工作的熱情、對公司的忠誠和創造力就無法被最大限度的激發出來，他也很難在工作中取得成效。難怪一些聰明的企業老闆把員工的熱情看作比能力還重要。

有一次，某公司老闆請教一位友人 —— 紐約中央鐵路公司總裁弗德烈·威廉森，問他挑選高級幹部是不是主要看能力。因為一般人都會認為，事業的成敗主要取決於這些人的能力。但這位友人的回答聽起來卻讓人訝異。「成功者與失敗者，他們的能力與聰明才智其實差異不大」。弗德烈·威廉森說：「如果兩個人各方面條件都相近，那麼，更熱情的那一位一定能更快達到成

功。一個能力平庸但是很熱情的人，往往會勝過能力出眾卻缺乏熱情的人。一方面，他的熱情能彌補能力的不足；另一方面，只要有熱情，他一定會努力工作、勤奮學習，從而提高自己的能力。因此，在挑選人才時，我對是否足夠熱情的重視甚至高於對能力的重視。」

熱情是最有效的工作方式。工作能力強固然容易出成績，但光有能力而缺乏動機、缺乏工作的熱情，也將會一事無成。很難想像一個對工作沒有絲毫熱情的人全身心投入到工作中去，並且創造出優秀的業績。工作離不開熱情，熱情能讓人挖掘自身潛力，激發想像力和創造力，培養員工的工作熱情是把工作做得更好的動力。

你如果已經身在職場了，你就會知道，當你最初接觸一項工作的時候，由於陌生而產生新奇，於是你千方百計的熟悉工作，做好工作，這是你主動探索事物奧祕的心理在職業生涯中的反映。而你一旦熟悉了工作性質和程序，日常習慣代替了新奇感，就會產生懈怠的心理和情緒，容易故步自封而不求進取。這種主觀的心理變化表現出來，就是情緒的變化。

有熱情才有積極性，沒熱情只會產生惰性，惰性會使你原地踏步。業績不佳可能就要面臨被「炒魷魚」。這也是職業生涯中的一條規則。由此看來，你有沒有能力與別人競爭，關鍵靠你的內心動力，也就是靠堅持不懈的工作熱忱。同樣一份職業，由你來做，有熱情和沒有熱情，效果是截然不同的。前者使你變得有活力，工作做得有聲有色，創造出許多輝煌的業績；而後者，使你變得懶散，對工作冷漠處之，當然就不會有什麼發明創造，潛在能力也無所發揮；你不關心別人，別人也不會關心你；你自己垂頭喪氣，別人自然對你喪失信心；你成為可有可無的人，也就等於取消了自己繼續從事這份職業的資格。可見，培養職業熱情的習慣，在競爭中是至關重要的事情。

使熱情發生減退的原因主要有以下幾種：

（1）工作能力和工作難度差距較大

如果工作太簡單了沒有挑戰性，激不起熱情；工作太難，能力不夠，這種差距容易使員工自信心受挫，喪失工作熱情。選擇與員工自己能力相符的工作是很必要的。

（2）工作只是為了完成任務

不了解工作的真正目的，工作只是為完成任務，自然少了一份熱情，多了一份懈怠。用目標激發員工的熱情，可以讓工作更富活力。

（3）懈怠的工作態度

本來是比較感興趣的工作，也會因你隨便、懶散、懈怠的工作態度而失去熱情。消極心態是積極心態的剋星，消極情緒滋生，積極情緒則會衰減，這是一種此消彼長的關係。

首先，你不要看到這項工作就立即產生厭惡感，並讓這種厭惡感任其蔓延。你應先試著把這種厭惡感扔到一邊，嘗試做這項工作，慢慢了解工作本身，看能否在工作中找出自己比較感興趣的問題。一般而言，當你靜下心來了解、熟悉工作時，會逐漸產生興趣。

但興趣不是產生熱情的唯一條件，即使你所從事的是你感興趣的工作，但有時熱情也會發生衰減，這需要在工作中找到適當的方法激發和鞏固熱情。

培養工作的熱情，需要一種輕鬆的心情，如果壓力太大，干擾太多，情

緒會受到影響，從而影響熱情的激發。

長期的熱情來自於對工作本身的熱愛，讓員工多了解工作本身，了解它的過去、現在，預測它的將來，拓寬他們的視野，讓他們發現得越多越深，進而言之，他們對工作的熱情就高漲起來。一位作家曾說過：「對國家的熱愛，源於你對國家的了解。」同樣，你對工作的熱情，源於你對工作的了解。

熱情是工作最有效的方式，熱情能讓你挖掘自身潛力，激發想像力和創造力。培養工作熱情是把工作做得更好的最有效的方法。

調節好自己的工作心態

在面對新的工作挑戰時，自己先做好心理準備。養成接受後果的堅強心態的習慣，是你成功的保證。那麼如何調節自己的積極工作心態呢？

(1) 從早晨起床開始

「一日之計在於晨」，早上起床時的情緒，往往會影響一天的心情。如果早上遇到一些不如意的事或身體不太舒服，這一天你會覺得不太對勁。相反，假使你一大早上班，車子很擠，你讓座給一位老年人獲得他衷心的感謝，即使須一路站著到公司，仍會覺得滿心舒暢，做什麼事都比較起勁、順利。

想要提高生活的積極性，首先必須由清晨掀開被子起床時開始做起。早上醒來，告訴自己今天要好好做，迅速的掀開被子下床來，也許這是一件小事，但對你一天的生活卻有莫大的益處。

想好好用功了，毫不猶豫的說出來，告訴別人也告訴自己。快要考試了，不妨在書桌前或目光可及的牆壁上貼「必勝」兩個字。有許多企業非常重視員工早上的精神，往往要求員工一到公司便大聲的念工作宗旨。以上皆為提高積極性的象徵性行為。

掀開被子輕捷的起床，持之以恆，就會成為一個積極的人；相反，如果一早便賴床，想多睡 5 分鐘，永遠也無法產生積極性。

除了快速起床的方法之外，還有許多方法可以提高積極性。例如：掀開被子起床之後，自己動手去把窗戶打開，深深的吸一口早晨新鮮的空氣；打開門，感受一下旭日柔和的照耀等等。

消極的人很容易依賴他人，時時處於一種被動的狀態。要想改善這種狀態，首先要養成獨立的個性，自己動手做，絕不假手他人。自己動手開窗戶只是一件小事，但打開窗所見到的陽光，不僅刺激了你的雙眼，也振奮了心情，在潛移默化中將自己的生活改變為自覺的人生。

(2) 讓音樂帶給你活力和信心

獲金像獎的美國爵士樂電影《爵士春秋》中，有一情節給人的印象最為深刻。

影片中的男主角蓋瑞特‧喬，每天早晨一邊聽著輕鬆活潑樂曲，一邊點著眼藥水，並對鏡中的自己說：「這就是土風舞音樂！」新的一天由此開始。

這個鏡頭在片中重複了好幾次，喬每天都以這種方式為自己增加勇氣，終於開創了自己的舞台天地。一般來說，有節奏的音樂會帶給人活力與信心，促進心臟、血管、內分泌腺的功能，使自己的身體產生有節奏且規律的活動。有位詩人曾說：「音樂能夠使人產生感情，讓心靈潔淨清爽，音樂的物

理振動對身體有強烈的刺激作用。」

(3) 改變環境，給自己一種全新的感覺

從事相同的工作太久，頭腦會漸漸刻板化，產生職業倦怠。因此在接受新的工作挑戰時，可以稍微改變一下自己的工作環境或習慣。將桌子整理整理、書桌上放一瓶花，小小的改變便可以帶給自己全新的感受。

最有效的方法是將自己手邊常用的、重要的東西改變一下。例如常用英漢字典作為工具書，下次不妨換一本工具書，讓自己有一番不同的感覺。

消極的人通常都不喜歡改變，被惰性限制而成不了大事，即使是千篇一律的工作，也可以稍稍的改變而獲得改善並提高效率，如此，有時很難做但會有進步，亦可使你成為一個積極的人。

(4) 從自己最擅長、最容易做的工作著手

無論在工作或學業上，如果獲得一次成功，下次再做起來便會覺得充滿信心。將這種原理推廣到新的一天上，也是增加積極性的有效方法。

先從自己最有信心、絕對會做得很好的工作開始著手，心裡便會產生成就感。這種成就感會成為一股很大的原動力，使自己充滿了愉快的心情，這一天也會過得非常積極。「好的開始是成功的一半」，如果一早便錯誤連連，這天的情緒必定非常低落且不容易恢復。特別是悲觀主義者，更會陷入愁雲慘霧中。

為此，你可以在前一天預留下較為簡單的工作，待明天一早再做。這並不表示自己偷懶，而是為展開積極的明天做一番準備。例如看推理小說，正津津有味之際，突然因急事不得不中斷，等你辦好事後，必然會迫不及待的

再打開書來看。一位名叫普祥奇納的心理學家，將以上的現象取名為「中斷行動的再行傾向」，即將完成、順利進行的工作暫時擱置下來，第二天再做，必定會興致勃勃、一氣呵成。

一個非常熱衷參與評論活動的男士，以前是一個凡事慢吞吞的人，工作量少且缺乏上進心。直到有一次，他正在寫一本書，好不容易想出非常好的題材，但因事不得不暫時擱下。第二天他迫不及待的繼續寫，結果成績出乎意外的好，工作效率也大為提高。以後他便利用這種方法，使自己積極的工作，對於評論性的活動也非常熱心參與。現在，他已是工作效率極高的人了。

因此，面對一天的第一件工作時，稍微盡點心，使它成為一個好的開始。如此，一天的心情都會非常愉快，積極性也會增加。

(5) 先要將正面的影響做一番全盤研討

假使你面對新的工作下定決心，開始做時，便必須馬上動手去做，否則你可能會失去制勝先機。而這種隨即施行的行動力，便是所謂的起跑，起跑時精神的好壞，可以成為勝敗的關鍵。因此，若你做任何事都先考慮到負面影響，就無法刺激自己動手去做的意欲。所以，先要將正面的影響做一番全盤研討，然後再考慮負面，這也是產生積極性的好方法。

索尼公司當初開發「隨身聽」時，公司內部的高級決策主管懷疑「隨身聽」的可行性，因為「隨身聽」必須使用耳機，只能獨樂而無法眾樂，像這種考慮便是所謂的負面考慮。雖然有以上諸多負面考慮，但索尼公司的最高領導者依舊對這種高精度的音樂機器充滿信心，「現在正是音樂成長的時代，這種輕巧、性能高的機器，必定可以適應市場的需要。」正因為領導者的這

種正面考慮,才使「隨身聽」風行全世界。

因此,要養成凡事皆考慮到正面利益的習慣,如此也較易產生積極性。

(6) 不要擔心失敗

創立「世界的本田」的本田宗一郎曾說:「不要擔心失敗,真正該擔心的是你因為害怕失敗而不敢放手一搏的心態。」

這真是一句至理名言。每一個人都很容易自我否定,對難得的構想在一開始便否定它的價值。尤其是消極的人更是如此,使得原本即缺乏的自信心與積極性更加縮小,任何事都不去做、不去想,只等著別人的幫忙。因此,在面對新的工作挑戰時,先不要想自己能不能做、後果如何,而要先考慮如何動手去做,自己先做好心理準備,養成接受後果的堅強心態的習慣,是你成功的保證。

沒有誰能夠決定整個世界,但人人都能決定自己的心態。你自己的心理、思想、感情、精神完全由你自己的心態創造。好的心態是你做大事的資本。

把公司當成自己開的

工作是實現人生價值的重要途徑,每一個人都是透過工作來獲得社會的認可,展現自身的價值。一個有抱負的人絕不會把自己綑綁在薪資條裡,他會用滿懷熱忱、勤奮敬業的精神,全力以赴去做好自己的工作。

絕大多數人要想在社會上找到立足點,都必須在職場上奠定自己的事業

第一章　工作不僅僅是一碗飯

生涯。只要你還是某一公司的一員，就應當拋開任何理由，投入自己的忠誠和責任。一榮俱榮，一損俱損！將全身融入公司，盡職盡責，處處為公司著想，欽佩投資人承擔風險的勇氣，理解管理者的壓力，那麼任何一個老闆都會視你為公司的支柱。

有人曾說過，一個人應該永遠同時從事兩件工作：一件是目前所從事的工作；另一件則是真正想做的工作。如果你能將該做的工作做得和想做的工作一樣認真，那麼你一定會成功，因為你在為未來做準備，你正在學習一些足以超越目前職位，甚至將來會成為老闆。

當你精熟了某一項工作，別陶醉於一時的成就，趕快想一想未來，想一想現在所做的事有沒有改進的餘地？這些都能使你在未來取得更長足的進步。儘管有些問題屬於老闆考慮的範疇，但是如果你考慮了，說明你正朝老闆的位置邁進。

如果你是老闆，你對自己今天所做的工作完全滿意嗎？別人對你的看法也許並不重要，真正重要的是你對自己的看法。回顧一天的工作，捫心自問一下：「我是否付出了全部精力和智慧？」

如果你是老闆，一定會希望員工能和自己一樣，將公司當成自己的事業，更加努力，更加勤奮，更加積極主動。因此，當你的老闆向你提出這樣的要求時，請不要拒絕他。

以老闆的心態對待公司，你就會成為一個值得信賴的人，一個老闆樂於僱用的人，一個可能成為老闆得力助手的人，一個也可能成為未來老闆的人。更重要的是，你能心安理得的沉穩入眠，因為你清楚自己已全力以赴，已完成了自己所設定的目標。

一個將企業視為己有並盡職盡責完成工作的人，終將會擁有自己的事業。許多管理制度健全的公司，正在創造機會使員工成為公司的股東。因為人們發現，當員工成為企業所有者時，他們表現得更加忠誠，更具創造力，也會更加努力工作。

以老闆的心態對待公司，為公司節省花費，公司也會按比例給你報酬。獎勵可能不是今天、下星期甚至明年就會兌現，但它一定會來，只不過表現的方式不同而已。當你養成習慣，將公司的資產視為自己的資產一樣愛護，你離升遷也不遠了。

由此可見，我們只有把企業當成自己的家，時時刻刻為企業的利益著想，每天也都像老闆一樣的工作著，我們才能真正成為企業的主人，才能將自己的全部熱情真正融入到工作中去，積極解決工作中的困難，一定會受到老闆的提拔。

前英特爾總裁安迪‧葛洛夫曾這樣說：「不管你在哪裡工作，都別把自己當成員工 —— 應該把公司看作自己開的。」

把工作當作一種遊戲

當我們在做自己喜歡的遊戲活動時，很少感到疲倦，很多人都有這種感覺。比如在一個假日裡你到湖邊去釣魚，整整在湖邊坐了幾個小時，可是你一點都不覺得累，為什麼？因為釣魚是你的興趣所在，從釣魚中你享受到了快樂。我們在工作中產生疲倦的主要原因，是對某項工作的厭煩。這種心理上的疲倦感往往比肉體上的體力消耗更讓人難以支撐。

第一章　工作不僅僅是一碗飯

　　作家威廉·菲勃斯說：「成為成功者的主要條件是，每天都對自己的工作感到新奇。」工作沒有成就感，是因為自己不去將工作興趣化，如果能將工作昇華為有趣的遊戲，相信無時無刻都能感受到工作的喜悅。

　　美國醫藥界的翹楚，現在是世界上前五名的廠商的老闆查理·華葛林，原來他只是開了一家規模很小的藥局，同樣有著一般人的想法，埋怨自己的職業，對工作感到無趣。雖然對工作做得不是很起勁，但他曾問自己：「我能捨棄這種生涯嗎？」「我能在我的職業中施展我的才能嗎？」想了又想，不停的反覆思考這個問題的他，終於想到了一個方法。這個方法就是把工作當作有趣的遊戲，他是怎麼做到的呢？

　　例如有人打電話訂貨，他一面接電話，一面舉手招呼他的夥計，立刻把貨品送去。有一天，電話來了，他大聲的回答說：「好，郝斯福夫人，兩箱酒精，十包棉花，還要別的嗎？啊，今天天氣真好，還有……」他不時的討好顧客，同時指揮夥計把貨物取齊馬上送去，而夥計經過他的訓練，很快的就能處理妥當，在接電話的幾分鐘內，物品已經送到郝斯福夫人家的門口了，但他們仍繼續談話，直到郝斯福夫人說：「門鈴響了，華葛林先生，再見。」於是，他放下電話聽筒，面露喜色，因為他知道貨物已經送到。事後，郝斯福夫人常對別人說起這件事，當她訂貨的電話尚未講完，物品就已經送來了。

　　由於她無意中的傳播，使得附近的居民都來他的藥局訂貨，並且漸漸擴展到其他地區的居民，最後這些人都成為他藥局的忠實顧客。從此以後，他從一間小小的藥局，慢慢擴充為公司，然後成立了製藥廠，以後各地又開設了連鎖店。

　　其實，華葛林的成功，不在於工作的本身，而是他面對工作的態度，正

因為他懂得轉換工作的心情，把原本枯燥乏味的工作當成有趣的遊戲進行，自然可以做得輕鬆愉快。

做一行怨一行是很多人的通病，難怪工作做不好，難怪覺得沒有成就感。就像一般人都會羨慕別人的幸運，嫉妒別人的成功，不去思圖振作，只會自怨自艾。也許有人會問，該如何對自己的工作感到興趣呢？最好的方法就是挑選對自己適性、適情的工作，因為如果該工作能符合自己的喜好，便可從中產生很大的興趣。如何找出自己的喜好？方法很簡單，只要拿出一張紙，依照以下的指示，記下自己最擅長的項目或專長：

1. 寫出自己拿手的項目，例如：繪畫、唱歌、跳舞、寫作、演講、彈奏樂器等。

2. 寫出讓自己引以為傲的特質，例如：細心、體貼、溫柔、寬容、知錯能改等。

3. 寫出自己和周圍親友相處的關係，例如：能為別人著想、打抱不平、見義勇為等。

只要站在客觀的立場，列舉出自己的各種專長、成就和特質後，便能得知自己感興趣的專案有哪些，然後從其中找出最適合發揮的才能，好好發揮所長，就能認真努力工作而不感到辛苦。樂在工作，從工作中找到滿足感，並對自己選擇的工作不以為苦，人生絕對是快樂百分百。

如果能把工作當成一種遊戲，你就會在工作中找到樂趣，工作起來也不會覺得累。

第一章　工作不僅僅是一碗飯

不要為薪水而工作

當你熱愛自己所從事的工作時，業績就會尾隨而至。你也將成為人們競相聘請的對象，並且獲得更豐厚的酬勞。

不要為薪水而工作，因為薪水只是工作的一種報償方式，雖然是最直接的一種，但也是最短視的。一個人如果只為薪水而工作，他就缺乏敬業精神，也缺乏進取精神。

在一家公司，有一位員工，已經工作了 3 年，算是老員工了，薪水卻不見增加。一天，他終於忍無可忍，當面向老闆訴說不滿。老闆說：「你雖然在公司待了 3 年，做的時間長，但你的工作業績卻平平，能力也只是相當於新手的水準。」

這位不幸的員工在他最寶貴的 3 年青春中，除了得到 3 年的薪資外，其他一無所獲。

這就是只為薪水而工作的結果！在個人的事業發展過程中，業績比薪水更為重要，業績上去了不用問，不用提，老闆就會為你加薪。

一個以薪水為個人奮鬥目標的人是無法做出好的業績，也看不到薪資以外的東西，沒有了信心，沒有了熱情，工作時總是採取一種應付的態度，能少做就少做，能躲避就躲避，敷衍了事。他們只想對得起自己賺的薪資，從未想過是否對得起自己的前途。他們不會有真正的成就感。雖然薪資應該成為工作目的之一，但是從工作中能真正獲得更多東西卻不是裝在信封中的鈔票。

之所以出現這種狀況，原因在於人們對於薪水缺乏更深入的認識和理解。大多數人因為自己目前所得的薪水太微薄，而將比薪水更重要的東西也

放棄了。如果我們只是將自己的工作當做一種謀生的手段，當做是混一碗飯吃的一件差事，那麼，我們肯定不會在公司裡做出好的業績。但如果我們能夠在自己的心靈深處將它看作是深化、拓寬我們自身閱歷的一種途徑，一種使我們的生存價值能夠充分展現的方式和方法的話，那麼，我們肯定會從心底裡重視它、喜歡它、熱愛它。從工作本身中尋找到許多的樂趣和快樂，成了我們的一種生活方式和生存方式，在這種態度下，你的業績也在不知不覺之中得到了提升。

工作不應只是一種謀生的手段——一種只用來賺錢、養家或贏得某種令人羨慕的社會地位的手段，而是某種工作本身應該提供給我們豐富的，並培養我們具有各方面經驗的手段。

紐約有一位百萬富翁，在回顧自己的成功歷程時說，當年他在一家百貨公司的薪水，最初只有每週七美元零五十美分，後來一下子就漲到了每年一萬美元，而這之間竟然沒有任何的過渡。沒過多久，他還出人意料的成為了這家百貨公司的股東。

剛開始去公司報到，他和公司簽訂了 5 年的口頭工作合約，約定這五年內薪水保持不變。但他暗下決心：絕不滿足於這每週七美元零五十美分的微薄薪水，絕不能就此不思進取。

他一定要讓老闆知道，他絕不比公司中的任何一個人遜色，他要做出最優秀的業績來。

他的認真負責很快引起了周圍人的注意。3 年之後，他對自己負責的工作如魚得水、遊刃有餘，以至於另一家公司願意以三千美元的年薪，聘請他為海外採購員。但他並沒有向老闆提及此事，在 5 年的期限結束之前，他甚自從未向他們暗示過要終止工作協定，雖然那只是一個口頭的約定。也許有

很多人會說，不接受這樣優厚的條件，他實在是太傻了。但在 5 年的合約到期之後，他所在的公司給予了他每年一萬美元的高薪，後來他還成為了該公司的股東。

薪水只是工作的一種回報方式，每一份工作除了帶給我們薪水之外，還為我們帶來了很多發展的機遇。譬如：艱難的任務能鍛鍊我們的意志，新的工作能拓展我們的才能，與同事的合作能培養我們的協調能力，與客戶的交流能訓練我們的思維與口才。公司是我們成長中的另一所學校，工作能夠豐富我們的經驗，成長我們的智慧。與在工作中獲得的技能與經驗相比，微薄的薪水就會顯得不那麼重要了。公司支付給我們的是金錢，工作賦予我們的卻是令我們終生受益的能力。

薪水只是工作的一種回報方式，每一份工作除了帶給我們薪水之外，還賦予了我們能力，還為我們帶來了很多發展的機遇。

愛業，才能有作為

沒有真正的熱愛，就不會有對工作兢兢業業的態度，當然就不會有神聖感和使命感產生，也難以在自己的職業中取得好的成就。

瑪麗・簡任職於美國西雅圖第一金融擔保公司。在 3 年的工作中，她贏得了「難不倒」的美譽。她有自己的一套工作準則 —— 今日事，今日畢。她處理每一件事都細緻周到，並保證它們在第一時間高品質的完成。

憑著自己對工作的熱愛和付出的努力，瑪麗・簡晉升為本部門的小組組長。由於她總能認真傾聽同事的想法，了解部下所關心的事情，並領導她的

部門出色的完成每一項任務，所以，瑪麗‧簡的小組贏得了好評，成為全公司公認的可以委以重任的團隊。

與此相反，三樓有一個營運部門，人數眾多，績效卻不理想。他們與瑪麗‧簡的團隊形成了鮮明的對比，因此成為大家批評的焦點。為了能讓公司有一個全面的改觀，老闆決定提升瑪麗‧簡為三樓的業務經理。

幾個星期後，瑪麗‧簡慎重而又很不情願的接受了提升。雖然公司對她接手三樓寄予厚望，但她卻是硬著頭皮接受了這份工作。工作的發展自然十分艱難，但是，瑪麗‧簡迅速調整心態，把心裡的不情願變成了熱愛，同時，她的這種積極情緒深深的影響了每一位員工，在這種精神的支持和鼓舞下，瑪麗所在的部門迅速改變，並最終成為公司的典範。

「選擇你所愛的，愛你所選擇的。」作為一名員工，瑪麗強迫自己愛上自己選擇和接受的工作，透過自己的努力，為公司做出了巨大的貢獻，也為自己的職業生涯寫下了閃亮的一筆。

沒有真正的熱愛，就不會將眼前的普通工作與自己的人生意義聯繫起來，就不會有對工作兢兢業業的態度，當然就不會有神聖感和使命感產生。作為職員，一定要在獨處的時候捫心自問，自己目前所從事的職業究竟是不是自己內心所熱愛的職業。如果不是，就應該早做決斷，如果是，就應該對職業懷有一種虔敬的心理。

所以，你不要只是因為一時的生活窘迫或者自己家人的願望，而勉為其難從事某一行業，也不要隨便決定終生從事某一行業，除非它真的是你一直夢寐以求的職業。當然，我們也很有必要認真仔細的考慮父母的建議，畢竟他們比你年長，有著豐富的人生閱歷和人生智慧。最關鍵的一點，那就是最後的抉擇必須由你自己做出，因為未來的工作和生活，快樂還是痛苦，全部

由你自己來承擔。

只有那些找到了自己最中意和樂於奉獻的職業的人，才能夠徹底掌握自己的命運。我們發現那些功成名就的人，幾乎都有一個共同的特徵：無論才智高低，也無論從事哪一種行業，他們必然熱愛自己所做的事，並能在自己的事業上勤奮工作努力打拚。

我們看到有很多剛剛參加工作的年輕人整天無精打采，毫無工作與生活的樂趣，變得怨天尤人。為什麼他們會這樣悲觀呢？主要是因為他們正做著自己不感興趣但又無可奈何必須去做的事。還有一些人有淵博的學識，但是因為所從事的職業與他們的才能不相配，結果久而久之竟使原有的工作能力都慢慢退化了。由此可見，一種不稱心的職業最容易損毀人的精神，使人無法充分發揮自己的才能。

你的職業只要與自己的志趣相投合，你就絕不會陷於萎靡不振的境地。一旦選擇了真正感興趣的職業，你工作起來總能精神飽滿、全力以赴，而絕不會快快不樂、垂頭喪氣。

熱愛是最好的工作態度。

忠誠：立足於職場的一張王牌

忠誠是一種美德，誰能夠堅守忠誠，誰就會成為職場的贏家！當你忠誠的對待你的公司時，公司會真誠的回報你。當你的忠誠增加一分，公司對你的尊敬也會隨之增加十分。

忠誠的行為是對責任的承擔。不忠誠於公司的員工也絕不是好員工。

在公司裡，所有團隊成員就如同一個國家的每一位公民。對於公司的忠誠，則是團隊實現公司目標的關鍵因素。因為所有員工的忠誠行為，將會形成巨大的合力，就會戰無不勝。

忠誠是個人非常優秀的一種素養，也是現代企業精神非常重要的一個層面。在某種程度上講，忠誠對於員工而言，也可以說是一個機會，也是員工的職責之所在。

李剛是一家網路公司的技術總監，由於公司改變其發展方向，他覺得自己不適應新的改革思路，於是決定換一個工作。以他的資歷水準，再加上原公司的聲望，找工作非常容易，有很多公司甚至早已有想挖他過去的想法。

他剛一離開便有好幾家同行業公司向他開出了優厚的條件表示歡迎，但遺憾的是在這些優厚的條件下都隱藏著一些不可明說的東西，但是他不能那樣去做，他不會背叛自己的原則。因此，他拒絕了很多家公司。

最後，他決定到一家國企應聘，這家企業在全國乃至世界都很有些影響，這個職位當然也是很多人夢寐以求的。面試很順利就通過了，但是最後負責面試的副總裁還是提出了一個令他非常失望的問題，「聽說你在以前的公司做一個新型的設備改革，你提出了很多很有價值的建議，我們公司目前也在企劃這方面的工作，你看……」

「您的問題讓我很失望，看來市場競爭的確引發了一些用人公司以一些非正常的手段獲得人才或競爭對手的商業祕密以及核心技術，沒想到就連國企也一樣不能倖免陷入這種循環。不過，我看來要讓您失望了。我有義務忠誠於我的企業，即使我已經離開。與獲得這個職位相比，我還是覺得忠誠對我更重要一些。」李剛說完，頭也不回的離開了。

第一章　工作不僅僅是一碗飯

但是，沒過幾天他就收到了錄用信。信上寫著：「你被錄用了，不僅僅因為你的能力突出，更重要的是 —— 你的忠誠。」

原來，那個問題不過是試探他的忠誠度罷了。他們認為，一個人如果不能忠誠於他就職過的公司，他們就不可能對後來的企業忠誠。忠誠是一個員工應該具備的優秀行為品德，也是員工的義務。

一位企業家曾說過：「忠誠將助你獲得成功。」確實如此，具備忠誠美德的人，他不僅對上司忠誠，更重要的是，他忠於企業、忠於社會、忠於國家。忠誠是一種強大的精神力量，忠誠使人敢於行動，勇於負責，使人的內心始終都有著無畏的勇氣。

在一個公司裡，即使是一名一般員工，也要有責任心；中層員工不僅要有責任心，還必須具備上進心；高層員工除了這兩點外，還要盡心盡責的為公司謀劃。所有這一切行為的維繫，就靠兩個字：忠誠。職位越高，忠誠度的要求也越高，你對公司越忠誠，公司也必將更為器重你，這是一種必然的邏輯關係。

小王曾去某家大公司應聘部門經理，公司老闆告訴他說，先要試用三個月。使他意想不到的是，老闆竟把他放到商店做銷售員。一開始，小王不能接受，但最終他還是認真做滿了試用期。後來，他明白了老闆把他放到基層去的原因：他對行業不熟悉，不清楚公司的內部情況，只有從最底層做起，才能全面了解公司，熟悉各種業務。

小王出色的完成了自己的工作。事實表明，他的選擇是對的，他經受住了老闆對他的考驗，親身體驗了底層員工的業務狀況，這為他今後的工作奠定了基礎。試用期後，他正式就任部門經理，領導下屬實現了優秀的業績，為公司的發展做出了巨大貢獻。

由於小王在處理公司事務時遊刃有餘，幾年之後，總經理退休，他就成了總經理的繼承者。回首往事，小王十分感慨：「當初從銷售員做起，我從來沒有抱怨，任何時候，我都對公司忠誠不二，老闆因此才對我十分信任。」

在我們的工作中，如果說智慧和勤奮像金子一樣珍貴的話，那麼，忠誠就如寶石那樣光彩閃爍。智慧和勤奮可以使我們將工作做得完美出色，而忠誠卻能使我們保持恆久的熱情和發自內心的快樂。有人說「一盎司的忠誠超過一磅的智慧」，就是因為，忠誠和智慧比起來，它能給我們帶來更加堅定的信念。

不要把忠誠誤認為是對某個人的忠心，它是一種對人生負責的精神，是對自己的責任感。忠誠與其說是一種道德，不如說是一種信仰。忠誠能帶來自我滿足和自我尊重，它能使人變得自強自信。

當今社會，忠誠已變得越來越稀缺，在人們的學歷、知識和才幹趨於不相上下的情況下，忠誠就成為一個人立足於世的一張王牌。

忠誠是一個人最為可貴的品格，員工因為自己的忠誠贏得老闆的信任，老闆會因為員工的忠誠把他當作朋友看待，關鍵的時候會把重要的事託付給他。對事業的忠誠還能贏得很高的業績，甚至贏得競爭對手的尊敬。所以，忠誠的員工才能夠在工作上、生活上、事業上為自己打造一片輝煌燦爛地帶，使自己的人生永遠充滿陽光。

陳素貞，她出生在台北，在獲得淡江大學的 MBA 學位後，她一直從事市場行銷，和這行業結下了不解之緣。美國強生、美國運通、遠傳電訊都留下她踏實工作、業績輝煌的足跡。一次電視台在對她進行採訪時，陳素貞被問及自己的成功之路，她認為自己之所以取得了目前的成就，與自己對工作的認識有密切關係。她說：「我一直認為，做工作就是為老闆分憂，讓老闆輕

鬆一點。我覺得這一點很重要，老闆請你來就是讓你幫他分憂的。絕不能當英雄主義者，把旁邊的同事都殺光光。哪一天自己被提升的時候要覺得理所當然，而不是讓人覺得是靠了什麼方式得到這個位子。」

不管你是想在現在的公司晉升，還是試圖在外面找一個更理想的工作，作為員工，都應該掌握這樣一個規則：積極主動的為你的老闆分憂解難，這是忠誠於老闆的具體表現，也是獲得老闆賞識的不二途徑。

有一位在加工汽車烤漆公司工作的員工，他透過與客戶的接觸得知客戶們更喜歡的汽車烤漆顏色是淺灰色的，但是他們公司生產的汽車烤漆卻是黃顏色的。因此他就跟老闆建議將自己公司產品的顏色做一下調整，也許這樣產品的銷量會更好。這名員工大膽的提出了自己的見解。公司的老闆經過仔細調查研究，再加上拜訪了一些客戶，最後決定採用他提出的方案。果然，這項建議是正確的，當年公司的產品銷量上升了好幾個百分點。這名員工忠誠的向自己的老闆提出建設性意見，為公司贏得好的業績。後來這位員工也被提升到重要職位。

員工的忠誠首先應該是對老闆的忠誠，對企業的忠誠，如果他對老闆忠誠，他就會像老闆一樣時刻為公司利益著想，認真的把他該做的事做好。

一個優秀的員工必須深刻的意識到，自己的利益和公司的利益並不衝突，必須全力以赴，竭盡忠誠，用成績贏得老闆的信任和尊重。

對老闆的忠誠就是對公司忠誠，當然也就是對自己忠誠。一個沒有忠誠信念的員工不可能得到老闆的信任與重用，員工需要依靠企業的這個平台才能發揮自己的聰明才智，對企業忠誠，實際上是一種對職業的忠誠，也是對自己的高度負責。

忠誠是對歸屬感的一種自我確認。當一個人確認自己屬於某個團隊時，他就會自覺的認為他必須為團隊盡心盡力的奉獻，才能得到整個團隊的接納和認可。所以，忠誠能夠確保有效完成任務，以及對責任的勇敢擔當。

沒有哪個公司的老闆希望看到自己的員工是一個不忠誠的人。「我們需要忠誠的員工。」這是老闆們共同的心聲。因為老闆們最清楚，員工的不忠誠會給企業帶來什麼。只要自下而上做到了忠誠，就可以使一個公司發展壯大，相反就可能將一個公司置於死地。

只要你依然是某公司的員工，只要你決定繼續在那裡工作，你就應該而且必須對老闆忠誠，並恪盡職守。輕視自己所就職的企業就等於是輕視你自己，因為一個人要想成功，必須對自己的事業、上司忠誠。忠誠，可以催人奮進，有了它，可以使員工在自己所從事的領域裡大顯身手；沒有它，則極有可能一無所獲。

在一個公司裡，老闆與員工根本利益是一致的，老闆和員工一樣，都在為公司的前途與命運努力工作，公司的成功與每一個人的努力都息息相關。員工知道老闆也在為我們工作，就應當保持正確的心態，主動與老闆站在同一個立場上，盡量想想老闆的難處，對老闆多一分理解和支持。這無論是對企業管理，還是員工個人發展，都是大有裨益的。

一個企業的發展，離不開老闆和員工的共同努力。老闆和員工之間應該是彼此心存感激，互相感恩，因為雙方相互依存，密不可分。老闆應該知道，自己的成就離不開員工的努力，所以老闆有必要向員工提供好的薪資福利、適當的培訓和更大的發揮空間，這樣，員工就會為企業帶來更大的利潤。同時員工應該明白，老闆為自己提供了發揮才能和提升個人價值的空間和舞台，所以應該加倍努力，在實現自身價值的同時為企業創造更大

的財富。

　　忠誠會贏得老闆的信任。

不要把情緒帶到工作中

　　一個人的成功，20% 依賴智商，而 80% 依賴情商。若你想在職場上取得成功，你就必須學會控制自己的情緒。如果你總把情緒帶到工作中，就不可能成為一名優秀的員工。

　　李小姐是一家大型購物中心的售貨員，一天，她和朋友吵了一架，心情特別不好。上班後看這也不順眼那也不順眼，總想發火。這時有位顧客走到她面前，要求看一些商品。她裝作沒聽見，置之不理。顧客又接連說了幾遍。李小姐終於忍不住大聲嚷道：「喊什麼喊，等一下！」

　　顧客聽後非常生氣，直接反映到值班經理那裡。結果，她差點被炒了魷魚。

　　因此，我們要在工作中學會克制自己的情緒，當心情不好的時候，千萬不要掛在臉上、表現於行動中。情感波動時，經常會做出一些不理智的事情，等事情過去後又後悔萬分。再者，帶著情緒工作，你就會進入「沮喪—出錯—倒楣」的惡性循環的循環。因為，帶著情緒工作，往往會導致工作失誤，工作失誤會給公司帶來利益損失，公司的利益受到損失，老闆就會追究責任，追究的結果自然是出現工作失誤的你受批評、被處分，甚至被老闆解僱。

　　許多人以為在工作中宣洩情緒是正常的事情，最多對工作造成影響，對

公司造成損失。其實損失最大的是你，你把不成熟不負責任的負面形象烙印在了同事和老闆的心中。所以，無論你遇到什麼不如意的事，都不要把情緒帶到工作中去，要懂得調整心態。職場處處有難題，遭遇不順的絕不只你一個人，沒有必要整天苦著臉上班。

態度決定一切。只要你願意，你完全有能力在工作中保持愉快的心情；只要你願意，你就會發現，微笑也會創造奇蹟。

控制情緒是每個職場人士的必修課。如果你在工作中放縱了自己的情緒，你就把自己置於被解僱的邊緣。

忍耐是職場的必修課

人們常說：「小不忍，則亂大謀。」一個人要想在職場上取得大的成就，忍耐是必修課。它是對你的考驗，也是你晉升的階梯。

工作中不順心，不必埋怨上司，不必遷怒同事，靜下心來，沉著分析，把冷板凳當替補席，努力不懈，或許經理的寶座正等著你。

很久以前，一位日本青年進了一家大公司，做了一個小職員，在平凡的工作中他發現公司存在著許多問題，便不斷給上層管理者寫信，並提出自己的建議。然而，他的信如石沉大海，沒有一點回音。可是他並沒有放棄，只要發現問題，他照樣寫信，照樣提出自己的建議……十年後的一天，他終於有了回報，他被派到一個分公司擔任經理，他工作非常出色。後來他當了這家大公司的總經理，而這家大公司就是世界著名的佳能公司。

冷板凳都坐過了，還有什麼好怕的呢？

第一章　工作不僅僅是一碗飯

　　一個貿易公司的男職員，在剛進公司時很受老闆賞識，但不知怎的，在並沒犯什麼錯誤的狀況下，他被「冷凍」了起來，整整一年，老闆不召見他，也不給他重要的工作，從形同主管的地位變成和一般員工差不多。他忍氣吞聲的過了一年，老闆終於又召見他，給他升了官，加了薪，同事們都說他把冷板凳坐熱了。

　　能力再強、機遇再佳的人也不可能是一輩子一帆風順的，如果你是為人作嫁衣，便有坐冷板凳、不受到重用的可能。為什麼會坐冷板凳呢？有很多種原因。

　　—— 本身能力不佳。在工作中只能做一些無關緊要的事，但也還沒有到必須被開除的地步。

　　—— 曾犯過重大錯誤。在社會上做事不比在學校當學生，學生犯錯不會怎麼樣，在社會上做事一旦犯了錯誤，便會使你的上司或老闆對你失去信心。因為他不可能再次拿他的資本或職位來冒險，所以只好暫時把你冰凍起來。

　　—— 老闆或上司有意的考驗。人要做大事不但要有面對挑戰的勇氣，面對繁雜的耐心，而且還要有身處孤寂的韌性。

　　—— 人事鬥爭的影響。只要有人的地方就有鬥爭，就算是私人企業，老闆也會受到員工鬥爭的影響。如果你不善鬥爭，那麼就很有可能莫名其妙的失去原有的優勢，坐起冷板凳來。

　　—— 大環境有了變化。人說「時勢造英雄」，很多人的崛起是由環境所造成的，因為他的個人條件適合當時的環境。可是當時過境遷，英雄便無用武之地，這時候你只好坐冷板凳了。

　　—— 上司的個人好惡。這沒什麼道理好說，反正上司或老闆突然不喜歡你了，於是你只好坐冷板凳了。

　　—— 你冒犯了上司或老闆。寬宏大量的人對你的冒犯無所謂，但人是感情動物，你在言語或行為上的冒犯如果惹惱了上司，你便會有坐冷板凳的可能。

　　—— 威脅到老闆或上司。你能力如果太強，又不懂得收斂，讓你的上司或老闆失去安全感，那麼你便會受到冷凍。老闆怕你奪走商機去創業，上司怕你奪了他的位置，冷板凳不給你坐給誰坐？

　　坐冷板凳的原因還有很多，無法一一列舉，而人一旦坐上冷板凳，一般都無法去仔細思考原因何在，只知道成天抱怨。其實，與其在冷板凳上自怨自艾或疑神疑鬼，還不如調整自己的心態，好好的把冷板凳坐熱。這時候，你需要做的就是：

　　—— 強化自己的能力。在不受重用的時候，正是你廣泛收集、吸收各種情報，學習其他知識的最好時機，能力強化了，當時來運轉時，便可躍得更高，表現得更卓越！而在這段坐冷板凳的時間內，別人也正好觀察你，如果你自暴自棄，那麼恐怕要坐到屁股結冰了，而且一旦出現對你不好的評價，恐怕就無翻身的機會了。

　　—— 以謙卑來建立良好的人際關係。人都有打落水狗的劣根性，你坐冷板凳，別人巴不得你永遠不要站起來。所以要謙卑，廣結善緣，不要提當年勇，因為所有的一切都已成為歷史，對你現在是沒有任何幫助的，而且「當年勇」也會使你墜入「懷才不遇」的情境中，徒增苦悶而已！

　　—— 更加敬業，一刻也不疏忽。雖然你做的是小事，但也要一絲不苟的

做給別人看！別忘了，很多人正冷眼旁觀，給你打分數呢！

　　—— 忍耐。忍閒氣、忍嘲弄、忍寂寞、忍不甘、忍沮喪、忍黎明前的黑暗，忍虎落平陽被犬欺，忍一切的一切，忍給自己看，也忍給別人看。

　　能有以上的作為，相信你一定會把冷板凳坐熱。不管你坐冷板凳的真正原因是什麼，這都是訓練自己耐性、磨練自己心志的機會。冷板凳都坐過了，還有什麼好怕的呢？此外，人都好錦上添花，當你把冷板凳坐熱，你自然會得到很多讚美和掌聲，成為人人敬佩的勇者；如果坐不住冷板凳，那麼你就被人看輕了 —— 除非你毅然換工作！

　　能力再強，也需要機遇，因此忍耐也是職場的必修課。

工作：展現自身價值的最好方式

　　一對工作不如意的年輕人，一起去拜望師父：「師父，我們在辦公室被人欺負，太痛苦了！求你開示，我們是不是該辭掉工作。」兩個人一起問。

　　師父閉著眼睛，隔半天，吐出五個字：「不過一碗飯。」然後揮揮手，示意年輕人退下。

　　回到公司，一個人遞上辭呈，回家種田，另一個卻沒動。日子真快，轉眼十年過去了。

　　回家種田的以現代方法經營，加上品種改良，居然成了農業專家。

　　另一個留在公司的，也不差。他忍著氣，努力學，漸漸受到器重，成了經理。

　　有一天兩個人遇到了，農業專家問另一個人：「奇怪！師父告訴我們：『不

38

過一碗飯』。這五個字，我一聽就懂了，不過一碗飯嘛，有什麼大不了的，何必硬留在公司裡受氣呢？所以我辭職了。你為什麼沒聽師父的話呢？」

經理聽了，笑道：「師父說：不過一碗飯。不管在公司裡多受氣，多受累，我只要想：不容易溝通的主管和不好相處的同事，到處都可能碰得到，不過為了混碗飯吃，少賭氣，少計較就成了，師父不正是這個意思嗎？」

兩個人又去拜望師父，想弄明白師父的話到底是什麼意思。師父已經很老了，仍然閉著眼睛，答了五個字，「不過一念間」，然後揮揮手。

很多事，真的是一念之間。事情好壞的論斷，只看你的心如何去轉化了。積極正面的想法，會帶給我們很大的支援力量「不過是一碗飯」，不同的理解帶來不同的選擇，帶來各自不同的結果。飯是必然每天都要吃的，沒有任何理由，因為你要生存，而且有時候吃飯也是一種享受。所以就工作而言，這碗飯的意義可是非比尋常。正如亞伯‧堪默斯所說：「沒有工作，生命是腐爛的，但當工作失去意義，生命也會僵死。」

工作在經濟上的意義是很明顯的。不少人會因為錢而工作，這是一種傳統的想法，即人基本上是懶惰的，對工作缺乏興趣，要提升其生產力，唯一的方法是靠外在的金錢，以及嚴密的監督和管理。

而工作在心理上的意義則經常被我們忽視。當被問道「你是誰」時，答案幾乎總是和職業有關，例如：「我是醫生」或「我是推銷員」。新認識的朋友問的第一句話也經常是「你做哪一行。」由於我們花了大量的時間與精力在工作上，工作已成為建立自我認同的最重要的方法之一。

工作對自我評估也有著直接的影響。工作使我們覺得自己是能幹的、有用的，被社會重視的。工作是決定我們社會地位的主因，而別人也常常從父

母的職業來判斷一個家庭的社會地位。因此，失業不只代表失去薪水，同時其社會價值也可能受到他人否定。失業使我們感到迷惘、感到自己是沒用的。就連那些年老退休的人，不再工作對他們來說，也是一種巨大的挑戰。

　　由此可見，工作的目的並不單純為了經濟因素，否則眾多老闆、富豪，早就可以收山養老了，何苦在世界各處飛來飛去、忙碌不已？對這些大老闆來說，銀行帳戶裡的數字，多一個零或者少一個零，對他們的生活其實並無影響，那他們為什麼還要為工作而奔波忙碌呢？

　　工作不僅僅是為了養家糊口，更重要的是展現自己的人生的價值。

第二章

贏在速度 —— 誰快誰就是贏家

誰快誰就贏，誰快誰生存。這是一個快速發展的社會，速度決定一切，效率決定成績，沒有速度，沒有效率，既便你是一頭「老黃牛」，從早到晚的忙碌，也效果甚微；即便你很努力、很用心也做不出成績來。

誰快誰就贏，誰快誰生存

誰快誰就贏，誰快誰生存。全世界的目光只會聚焦在第一名的身上，冠軍才是真正的成功者！

在非洲的大草原上，一天早晨，曙光剛剛劃破夜空，一隻羚羊從睡夢中猛然驚醒。

「趕快跑，如果慢了，就可能被獅子吃掉！」

於是，起身就跑，向著太陽飛奔而去。

就在羚羊醒來的同時，一隻獅子也驚醒了。

「趕快跑，如果慢了，就可能會被餓死！」

於是，起身就跑，也向著太陽奔去。

一個是自然界獸中之王，一個是食草的羚羊，等級差異，實力懸殊，但生存卻面臨同一個問題 —— 如果羚羊快，獅子就餓死；如果獅子快，羚羊就會被吃掉。

誰快誰就贏，誰快誰生存。自然界動物生存競爭是這樣，那麼我們人類的生存未嘗不是這樣。

貝爾在研發電話時，另一個叫格雷的也在研究。兩人同時取得突破，但貝爾在專利局贏了 —— 比格雷早了兩個鐘頭。

當然，他們兩人當時是不知道對方的，但貝爾就因為這 120 分鐘而一舉成名，譽滿天下，同時也獲得了巨大的財富。

誰快誰贏得機會，誰快誰贏得財富。

無論相差只是 0.1 米還是 0.1 秒鐘 —— 毫釐之差，天淵之別！

在競技場上，冠軍與亞軍的區別，有時小到肉眼無法判斷。比如短跑，第一名與第二名有時相差僅 0.1 秒；又比如賽馬，第一匹馬與第二匹馬相差僅半個馬鼻子（幾公分）……

但是，冠軍與亞軍所獲得的榮譽與財富卻相差天地之遠。

時間的「量」是不會變的，但「質」卻不同，關鍵時刻一秒值萬金。

在商界，有一位投資專家說過：在時間和金錢這兩項資產中，時間是最寶貴的。如果你想讓時間為你增值，那麼，你賺錢的速度就要以秒來計算，要分秒必爭的捕捉瞬息萬變的商業資訊。

薩姆‧沃爾頓自建立起沃爾瑪特零售連鎖商店後，他就採用先進的資訊技術為其高效的分銷系統提供保證。公司總部有一台高速電腦，同 20 個發貨中心及上千家商店連線。透過商店付款櫃檯 POS 掃描器售出的每一件商品，都會自動記入電腦。當某一商品數量降低到一定程度時，電腦在一秒鐘內就會發出信號，向總部要求進貨。當總部電腦接到信號，在幾秒鐘內調出貨源檔案提示員工，讓他們將貨物送往距離商店最近的分銷中心，再由分銷中心的電腦安排發送時間和路線。這一高效的自動化控制使公司在第一時間內能夠全面掌握銷售情況，合理安排進貨結構，及時補充庫存的不足，降低存貨成本，大大減少了資本成本和庫存費用。

薩姆‧沃爾頓還在沃爾瑪特建立了一套衛星互動式通訊系統。憑藉這套系統，沃爾頓能與所有商店的分銷系統進行通訊。如果有什麼重要或緊急的事情需要與商店和分銷系統交流，沃爾頓就會走進他的演播室並打開衛星傳輸設備，在最短的時間內把消息送到那裡。這一系統花掉了沃爾頓 7 億元，是世界上最大的民用資料庫。沃爾頓認為衛星系統的建立是完全值得的，他說：「它節約了時間，成為我們的另一項重要競爭。」

美國著名的管理大師杜拉克說過：「不能管理時間，便什麼也不能管理。時間是世界上最短缺的資源，除非嚴加管理，否則會一事無成。」如果說，以分來計算時間的人比用時來計算時間的人，時間多 59 倍的話，那麼以秒來計算時間的人則比用分來計算時間的人又多 59 倍。時間就是金錢，因為虛擲一寸光陰即是喪失了一寸執行工作使命的寶貴時光。

誰快誰就贏，誰快誰生存。

做事要分清主次

人們總是根據事情的緊迫感而不是事情的重要程度來安排先後順序，這樣的做法是被動而非主動的，要學會以分清主次的辦法來統籌時間，把時間用在最高回報的地方。

伯利恆鋼鐵公司總裁查爾斯・舒瓦普承認曾會見過效率專家艾維・利。會見時，利說自己的公司能幫助舒瓦普把他的鋼鐵公司管理得更好。舒瓦普承認他自己懂得如何管理但事實上公司不盡如人意。可是他說需要的不是更多知識，而是更多行動。他說：「應該做什麼，我們自己是清楚的。如果你能告訴我們如何更好的執行計畫，我聽你的，在合理範圍之內價錢由你定。」

利說可以在 10 分鐘內給舒瓦普一樣東西，這東西能把他公司的業績至少提高 50%。然後他遞給舒瓦普一張空白紙，說：「在這張紙上寫下你明天要做的 6 件最重要的事。」

過了一會又說：「現在用數字標明每件事情對於你和你的公司的重要性次序。」這花了大約 5 分鐘。利接著說：「現在把這張紙放進口袋。明天早上第

一件事是把紙條拿出來，做第一項。不要看其他的，只看第一項。著手辦第一件事，直至完成為止，然後用同樣方法對待第二項、第三項……直到你下班為止。如果你只做完第五件事，那不要緊，你總是做著最重要的事情。之後，叫你公司的人也這樣做。這個試驗你愛做多久就做多久，然後給我寄支票來，你認為值多少就給我多少。」

整個會見歷時不到半個鐘頭。幾個星期之後，舒瓦普給艾維·利寄去一張 25 萬元的支票，還有一封信。信上說從錢的觀點看，那是他一生中最有價值的一課。5 年之後，這個當年不為人知的小鋼鐵廠一躍而成為世界上最大的獨立鋼鐵廠，這與當年艾維·利提出的方法功不可沒。這個方法還為查爾斯·舒瓦普賺得 1 億美元。

時間對我們每一個人是公平的，而為什麼有的人在同樣的時間裡能做出成績，而有的人整日忙忙碌碌卻沒有多大的成就？其實問題很簡單，就是看你怎麼利用時間，怎樣統籌它。無疑，成功的人都是統籌時間的高手。因為，他們知道怎樣合理的使用時間。

如果你總是很辛苦卻總是沒有業績，沒有成就，不妨檢視自己是否犯了以下這些壞習慣！

做事毫無頭緒。工作隨便，經常忽略工作對象的名字、電話號碼及工作專案等，讓人看起來做事不專心，讓自己的工作形象大打折扣。毫無頭緒的做事會讓你在工作處理上顯得缺乏組織能力，或者顯得情緒低落，缺乏興趣。

做事虎頭蛇尾。手上的事情尚未完成，就立刻把注意力轉移到其他事情上，完全忘記事情該有先後順序及輕重緩急。如此一來，很容易影響工作的進度及工作品質。

糾錯措施：每天分配兩到三個小時完成必須優先處理的工作，在處理事情之前，先制訂妥善的計畫。工作專心致志，不要分心，集中注意力在上司所交代的任務上。

從現在開始，培養你統籌時間的做事習慣吧，只要有了這個好習慣，你做事才能有效率，從而達到事半功倍的效果。

在我們工作中，各種事情紛至沓來，令我們應接不暇。但是請記住，不論事情有多少，永遠是要事第一。

整潔有序就是效率

為了高效率工作，必須建立一個較佳的工作秩序。只有這樣，才能減少忙亂，增加快樂，提高公司時間的功效。

美國管理學博士在其《有效的經營》一書中寫道：「我讚美徹底和有條理的工作方式。一旦在某些事情上投下了心血，就可減少重複，開啟了更大和更佳工作任務之門。」

工作無序，沒有條理，必然浪費時間。試想，如果一個做文字工作的手裡資料亂放，本來一天就能寫好的材料，找資料就找了半天，豈不費事？

西方「支配時間專家」運用電腦作了各種測定後，為人們支配時間提出了許多合理化建議，其中有一條就是「整齊就是效率」。他們比喻說：木工師傅的箱子裡，各種工具排列有序，不同長度的釘子分別擺放，使用起來隨手可得。每次收工時把工具放回固定的位置同把工具胡亂丟進箱子裡所費時間相差無幾，而效果卻大不一樣。

我們經常看見一些青年學生的書包裡，甚至高級管理人員的公事包裡，簡直像一個廢物箱：啃了一半的麵包、掉了皮的雜誌、捲了角的書、幾塊糖、一疊廢紙等等。

辦公桌面是否整潔，是工作條理化的一個重要方面。一位西方的老牌管理者在解釋辦公桌上的東西是如何堆積起來時說：「這是因為我們不想忘記所有的東西。我們把想記住的東西放到辦公桌上一堆資料的頂部，這樣就可以看到它們。」問題是東西堆得越來越高，當不能記起下面放的是什麼東西時，就開始在資料堆裡尋找。這樣，時間就浪費到查找遺失的東西上。據統計，有 95% 以上的管理者都為辦公桌上堆滿東西而苦惱。

因此，建立一個有效的工作系統，在固定的工作時間完成更多的工作要求，合理的安排工作，是一件非常重要的事。

美國波斯頓顧問集團的卡爾斯博士曾說：

「看看那些工作有條理的員工的工作方式。他們的辦公桌上的檔永遠都是規矩而有條理的，因為他們知道一次只能處理一個檔。當你向他要一份檔時，他可以立即交到你的手上。當你交給他一份已經完成的合約或是備忘錄時，他會馬上知道應該放在什麼位置上。

「再看看他的公事包。裡面的檔分門別類，他可以隨時取出要用的公文。而一個總是裝模作樣的員工，他的公事包從外表看永遠都是鼓鼓的，但是你如果偶爾翻一下的話，裡面可能會有一些巧克力、面紙、一本娛樂雜誌，或是一些亂糟糟的當日報紙。這樣裝模作樣的員工每個公司都會有。」

要知道，高效率的職員一定會給上司與同事留下工作有條理、安排有序的印象。上司會對他產生信任感，同事會對他產生信賴感。這種信任的獲

得，總是讓他獲得比別人更好的工作機會。

在世界各地的許多著名公司裡，都在宣導一項「辦公室 5S 管理」，這種管理方式起源於日本，意思是整理、整頓、清掃、清潔、素養五項工作，因為日語的羅馬拼音均以「S」開頭，所以被稱為「5S 管理」。「5S 管理」提出的目標簡單而明確，就是要為員工創造一個整潔、明朗、舒適而有益的工作環境。「5S 管理」的宣導者們認為，堅持工作環境的乾淨整潔，物品有條不紊，就一定可以大大的提高工作效率。

好吧，就從現在開始，為工作建立一個系統，來保證日益增多的檔和檔案不會凌亂和遺失。然後檢查你的工具是否已經達到了優化組合，千萬不要因為總是想著解決複雜的問題而忽視了基本的工作，如果因為一些基本的工具出現了問題而影響了工作效率，那麼效率如何能高得起來呢？那麼如何讓自己的辦公桌整潔而不亂呢？以下幾個辦法值得參考：

1. 把你辦公桌上所有與正在做的工作無關的東西清理乾淨。你現在所做的工作應該是此刻最重要的工作。

2. 在你準備好辦理其他事情之前，不要把與此無關的東西放到辦公桌上。這就意味著，所有的工作專案都應該在檔案中或抽屜裡占有一定的位置，並把有關的東西放到相對的位置上。

3. 要力戒由於干擾或因你厭煩了手頭上的工作，而放下正在做的事情去做其他不相干的工作。一定要力求你在結束手頭這項工作之前，為它採取了所有應該採取的處理措施。

4. 按規則把已經處理完畢的東西放到適當的地方去。再核對一下剩下的重點工作，然後再去開始進行第二項最重要的工作。

從辦公桌上拿開目前不需要的書籍、文件後，可以按其重要性和先後順序，分為「應立即處理的」，如緊急信件和其他必須馬上處理、做決定的事；「暫時靠後處理的」，即大致看一下文件內容，按內容分類放入檔案夾中，在採取適當的行動之前，一直放在那裡；「以後處理的」，既不是當前的重要工作，還有待研究、需要進一步在時間等方面作較充分安排的事項；「留作資料保存的」，包括上司的指示、決定以及有保留價值的資料、文件等等。根據自己所好「分類保存」，用完以後放回原處。手稿、資料、書籍等，什麼東西放在哪裡，都要有一定的「規矩」。每次用完，隨手放回原處。對與你有聯繫的朋友的姓名、地址和電話號碼，也分門別類登記，可隨手查到。養成「有首尾」的好習慣，把資料手稿整理得井井有條，辦公桌就像「管理交通」一樣管得有條不紊，這樣就避免了混亂，時間就不會在找這找那中溜過去。

整潔順序就是節約時間，整潔順序就能提高工作效率。

在最有效率的時間裡工作

如果你把最重要的任務安排在一天中最有效率的時間去做，你就能花較少的力氣，做完較多的工作。何時做事最有效率？各人不同，需要自己摸索。

大部分的人在工作接近結束時，效率都會提高。因為「快結束了」這種心理上的安定感，對工作效率有很好的影響，心理學上稱為「週末效果」。另外在一星期當中，大多是在等到星期五，一度低落的工作效率，才會漲高。這也是「週末效果」。

日本成功學大師多湖輝指出：「週一病」，「藍色日子」，是因為週日剛休

息後，有種乏力的感覺；再加上「今天開始，又要工作一星期」的壓力，通常週一工作效率都不高。到了星期二這種心情會消失，再度精力充沛。星期三、四後，工作效率又逐漸降低。但是，到了星期五就會覺得「這個星期快結束了，可以休息」，這種「結束效應」可使工作效率上升。這就是多湖輝所說的「週末效果」，人們應該善加利用。

要使一個星期的工作維持一定水準，就要安排擅長的工作於週一開始去做；不擅長或太過厭惡的工作，則安排在週末做，我本身也常如此安排。

週末做些厭惡、不擅長的事，即使工作不順利，也會認為反正明天休息，可以再做。心情也就平靜下來，反而做得更好。因為阻礙工作效率的元凶之一，就是「焦躁」。因此，應多加利用「週末效果」。

一般人都有自己情況最佳的時段。例如：早上到中午的「早晨型」；午後才有精神的「白晝型」；等別人都睡了才起來的「夜貓型」等各類型。但一般人都是上午精神較好，下午兩點最差。

能夠知道自己情況最好的時段，對提高工作效率很有效。例如：有人找你做棘手的事情，前一天晚上先提早入睡，天一亮就開始工作，結果會有令人意想不到的順利。當然，有些人因身體或精神上的特殊情形，可能要到午後才有精神。所以自己要找出情況最好的時段 —— 在這時段內做些棘手的工作，工作起來，困難的事也變得不難。

工作的時候要找自己最有效率的時間，這樣工作你的效率定會倍增。

懂得分配工作，這樣才能省心省力

人的身體裡的確蘊藏著巨大的潛能，這種潛能所爆發出來的力量常常會讓人驚訝，但人畢竟是人，不是全能的上帝，那種「事必躬親」的人雖然精神可嘉，可到頭來卻未必有好的結果，諸葛亮的「鞠躬盡瘁」便是一個很好的例子，因此做事應懂得「抓大放小」，懂得分配工作，這樣才能把事辦好。

一說到「事必躬親」，我們就會想到《三國演義》中那個「鞠躬盡瘁，死而後已」的軍師諸葛亮。這個為了幫助劉備以及劉備的兒子恢復漢室而耗近畢生心血的諸葛亮，在劉備死後，為了使搖搖欲墜的蜀漢政權不至於加速滅亡，可以說做到了「事必躬親」。可惜的是，諸葛亮的本事再大，也沒有能挽狂瀾於既倒，最後也只能抱病死在了五丈原。

不過，諸葛亮與其說是病死的，倒不如說是累死的，所以說，諸葛亮是聰明了一世，也糊塗了一世。他的聰明我們已經熟知，而他的糊塗就在於太相信自己，而沒有將別人也可以做的事情讓別人去做，沒有充分「放權」。因為你諸葛亮的能耐再大，也不可能將所有的事情都做了。

在現代社會，隨著社會分工的越來越細，做老闆的或是其他管理人員，也需要「抓大放小」，分攤你的工作與下屬，也讓你的下屬有充分的發展空間。

如果回過頭看時間，我們是不是發現自己在一些瑣碎雜事上投入了太多的時間。而讓我們效率不高，也累得要命，有一個成功人士就深有體會：

如何向他人分派任務曾是我面臨的一項最艱巨的挑戰。在一生中的大多數時候，我幾乎事事都想親力親為。作為一個完美主義者，我認為只有我自己才能準確無誤的完成一項任務。每當我考慮讓其他人去為我完成這些事的

時候，我就會想：「他們一定做不好的，我肯定會重新重做。」於是我會打消假手於人的念頭，最終可能還是自己完成了。與他人分擔責任是件困難的事。事後回想，我才發現我的這種想法降低了工作效率和生產力。現在我正在努力改變我的心態。

　　授權是成功人士成功的祕訣之一，可惜一般人多苦於授權，總覺得不如靠自己更省時省事。其實把責任分配給其他成熟老練的員工，才有餘力從事更高層次的活動。因此，授權代表成長，不但是個人，也是團體的成長。已故名企業家潘尼曾表示，他這一生中最明智的決定就是「放手」。在發現獨立難撐大局之後，他毅然決然放手讓別人去做，結果造就了無數商店、個人的成長與發展。

　　現代社會生產的一個突出特點，也就是它不同於古代作坊式生產的地方，就是它是以流水線式的生產為基本模式，即集體的力量越來越重要，甚至任何一個產品，單是依靠一個人的力量根本是無法生產的。比如電視機，除了發明電視機者，還有設計師、以及每個零件的生產者，安裝師等等，如果一個人想造出一台電視機，而且每個零件都是自己設計、生產的話，也不知道要到了猴年馬月才能生產出來。對於一個企業的管理者來說，「事必躬親」只會弄得自己心力憔悴，因而適度放權便成為了一種必要的手段。

　　懂得運用人力資源也是每一個職場人員所必須具備的能力。也就是說你運用人力資源能力的大小決定著你發展的潛力。你對任何事都非得自己親自動手做不可的話，也許是因為你認為沒有人能像你做得那麼好。如果你這麼想，那麼你就要從此打消成為一個管理者的念頭，並把你這一生其餘的時間，花在讓自己成為一個很有價值的下屬上。但是如果你能成為一位很有技巧的工作分派者，那麼你就有可能成為一位出色的上司。

　　分派工作的核心在於弄清楚分派工作要做的事情有哪些，這些事情的程序、步驟是怎樣的，在每個過程中有哪些要點，可能出現的情況是怎樣的等等。

　　分派工作計畫所包含的基本內容應該有：

1.　分派工作的任務是什麼，這項任務涉及的特性和範圍怎樣？

2.　分派工作需要達成的結果是什麼？

3.　用來評價工作執行情況的方法是什麼？

4.　任務完成的時間要求是怎樣的？

5.　完成任務的關鍵點、特殊目的、時間要求有哪些？

6.　任務執行所需要的權力有哪些？（完成工作所需的人、財、物、資訊等組織資料調用的許可權）

7.　怎樣的回饋方式、方法、頻率？

　　如果分派工作成為一項經常性的工作，你應設計一定的表格，這類表格能提示你形成完整的分派工作計畫。

　　為了能把自己真正的解放出來，就把具有挑戰性的工作、甚至是決策性的工作，還有使下屬有所收益的工作授權給他們。這首先建立在你充分信任你的某些下屬的基礎上，「用人不疑，疑人不用」，這其中的道理，你可能比誰都清楚。因此，在你授權的時候，別忘了把整個事情都託付給對方，同時交付足夠的權力好讓他做必要的決定。

　　人生自古有得必有失，有失必有得，要想兼顧，總是很難的，在得失之間，應該分清主次，有所選擇和權衡。

　　懂得運用人力資源也是每一個職場人員所必須具備的能力。懂得運用別

人的力，既省力又有效率。

柏拉圖法則

80/20 法則是常常出現的詞彙，也有人稱之為柏拉圖法則，因為提出這個法則的是義大利經濟學家柏拉圖。80/20 法則是指，20% 的事態成因可以導致 80% 的事態結果。比如一個公司的 80% 的利潤、收益可以來自於只占 20% 的好產品，20% 的好客戶以及 20% 的優秀員工。

80/20 法則的主張是，一個小的誘因、投入和努力，通常可以產生大的結果、產出和酬勞。就字面意義來講，即指你所有完成的工作的 80% 的成果來自於你所付出的 20% 的努力。因此，對於要實現的工作目標，我們 80% 的努力只與其有一點的關係。

80/20 法則指出，在原因和結果、投入和產出之間原本就存在著一個不平衡的關係。80/20 法則為這個不平衡的關係提供了一個非常好的衡量標準：80% 的產出來自 20% 的投入：80% 的結果，歸因於 20% 的緣由；80% 的成績來自在於 20% 的努力。

80/20 法則能增進個人的工作效率，能增加公司的收益及任何組織的效率。它甚至是降低工作成本，提升其質和量的關鍵。

在 1963 年，IBM 公司就發現，一部電腦約有 80% 的執行時間是花在 20% 的執行命令上。於是公司立即重新編寫它的操作代碼，並取得成功，從而極大的提高了產品競爭性與工作效率，因為比起其他的競爭對手的電腦，IBM 的電腦更高效、更快捷。

在員工個人的工作效率的提高問題上，80/20 法則有著不可忽視的重要作用：避免把時間花在瑣碎的事情上，如果你花了 80% 的時間，也只能取得 20% 的成效：你應該將工作的重點放在重要的極少數問題上，重點解決 20% 的問題，因為你只要解決了這 20% 的問題，即可以取得 80% 的工作成效。

也就是說以 20% 的付出來完成 80% 的工作，這是 80/20 法則給我們的啟示，但是問題在於，那 20% 的關鍵在哪裡？

在具體的工作當中，你一定要懂得利用 80/20 法則來調整你的工作計畫，特別是要明白你的工作重點在哪裡，在什麼時候、什麼地方是必須要格外關心的。否則，你抓不住重點，就會盲目的工作，以至於讓瑣事占據了你的大部分時間。

從現在開始運用 80/20 法則對工作進行一次全面的分析，仔細檢查工作中的每個環節，特別是那些可以快速提高效率的細節，從而制定出一個有利於提高效率的工作策略。

首先，你要總結出工作中什麼地方總是毫無起色，什麼地方做得特別好，又有哪些地方總是頻繁的出現問題。透過這些分析比較後，你會發現，有哪些因素在工作中達到了關鍵作用，而另一些則起了很微小的作用。

不得不承認的是，那些工作效率極高的員工，他們正是潛移默化的利用了 80/20 法則，他們能夠抓住工作中的最重要的 20% 的內容，並以 80% 的精力投入進去，從而獲得了更高的工作價值。

其實，無論是管理者還是員工，一天的工作中，最重要的事情可能就那麼兩三件，其他多是一些雜事。所以，每天要有一定時間來保證完成這兩三件大事，這些最重要、最有價值的事就是那 20%。

如何找出這 20%？這需要你能判斷什麼是最有價值的，這項洞悉事物本質的能力便是第一必要條件。如果能將自己目標的內容明確清晰的描述出來，你就能理解到目標的全貌，以及手頭要做的事的相互比重差異。

如果你能夠抓住工作中的最重要的 20% 的內容，並投入 80% 的精力去做，你的工作就最有價值。

合理安排工作時間

一天的工作時間是有限的，而且我們每天要完成的工作又很多，這就要求我們必須學會善待時間，學會抓住時間，充分利用時間，合理的安排工作日程。

某一天，李經理準備到辦公室著手草擬明年度的部門工作計畫。

他 9 點整走進辦公室，突然想到不如先將辦公室整理一下，以便在進行重要的工作之前為自己提供一個乾淨又舒適的環境。他總共花了 30 分鐘的時間，很快他的辦公環境就變得乾乾淨淨，於是他面露得意之色，隨手點了一支香菸，稍作休息。此時，他無意中發現一本雜誌上的彩色圖片十分吸引人，便情不自禁的拿起來翻閱。

等他把雜誌放回架上，已經 10 點鐘了。這時他雖略感時間流逝帶來的不自在，不過轉念一想，欣賞欣賞也是一種生活的調節呀，這樣一想，他才稍覺心安。接著，他靜下心來準備埋頭工作。

就在這個時候，他的手機響了，是他女朋友來的電話。於是他又和她在電話裡聊了一陣子，他感到精神不錯，本以為可以開始致力於工作了。可

是，一看錶，已經 10：45 了！距離 11 點的午餐只剩下 15 分鐘。他想：反正這麼短的時間內也做不了什麼事，不如乾脆把計畫內的工作留到下午。

善待時間就是善待生命，凡是試圖想走向成功，高效執行的人都應該從善待時間開始，踏踏實實的做好每一件事。

從某種意義上說，工作效率就展現在人們所謂的零碎的時間中。能夠掌握好自己時間的人，一定有成就。

時間是由那些最小的單位構成的，那一秒一秒的時間就是你生命的碎片，需要你不斷的收集，最後才能形成一個整體生命。如果不注意收集時間的碎片，那麼，你就不會擁有完整的生命，你也就不會取得任何成功。

我們每天的生活和工作中都有很多零碎的時間，如果有人約你一起吃飯而遲到，於是你只能等待；或者你到修車廠去而車子無法按約定時間交付；或在銀行排隊而向前移動的速度慢時，千萬不要把這些短暫的時間白白耗掉，完全可以利用這些時間來做一些平常來不及做的事情。

大凡效率高的人，大都能做到非常合理的利用時間，讓時間的消耗降低到最低限度。《有效的管理者》一書的作者杜拉克說：「認識你的時間，是每個人只要肯做就能做到的，這是每一個人能夠走向成功的有效的必經之路。」據有關專家的研究和許多領導者的實踐經驗，人們可以從以下幾個方面駕馭時間，提高工作效率：

(1) 善於集中時間

千萬不要平均分配時間，應該把你有限的時間集中到處理最重要的事情上，不可以每一樣工作都去做，要機智而勇敢的拒絕不必要的事和次要的事。

57

一件事情發生了，開始就要問：「這件事情值不值得去做？」千萬不能碰到什麼事都做，更不可以因為反正我沒閒著，沒有偷懶，就心安理得。

（2）要善於把握時間

每一個機會都是引起事情轉折的關鍵時刻，有效的抓住時機可以牽一髮而動全身，用最小的代價取得最大的成功，促使事物的轉變，推動事情向前發展。

如果沒有抓住時機，常常會使已經快到手的結果付諸東流，導致「一招不慎，全盤皆輸」的嚴重後果。因此，取得成功的人必須要審時度勢，捕捉時機，把握「關節」，做到恰到「火候」，贏得機會。

（3）要善於協調兩種時間

對於一個取得成功的人來說，存在著兩種時間：一種是可以由自己控制的時間，我們叫做「自由時間」；另外一種是屬於對他人他事的反應時間，不由自己支配，叫做「應對時間」。

這兩種時間都是客觀存在的，都是必要的。沒有「自由時間」，完完全全處於被動、應付狀態，不會自己支配時間，就不是一名成功的時間管理者。

可是，要想絕對控制自己的時間在客觀上也是不可能的。想把「應對時間」變為「自由時間」，實際上也就侵犯了別人的時間，這是因為每一個人的完全自由必然會造成他人的不自由。

（4）要善於利用零散時間

時間不可能集中，常常出現許多零碎的時間。要珍惜並且充分利用大大小小的零散時間，把零散時間用來去做零碎的工作，從而最大限度的提高工作效率。

（5）善於運用會議時間

召開會議是為了溝通資訊、討論問題、安排工作、協調意見、做出決定。很好的運用會議的時間，就會提高工作效率，節約大家的時間；運用得不好，則會降低工作效率，浪費大家的時間。

時間對每一個人都是均等的，關鍵看你怎麼用。會用的，時間就會為你服務；不會用的，你就為時間服務。

每個年輕人都應養成習慣，把閒置時間集中起來，做些有意義而且自己又覺得很有意思的事。如果你在閒置時間內學習、研究，那麼這個習慣將改變你自己、改變你的人生。

安排好時間，工作一定有效率。

多動腦，找到最佳的工作方式

工作要想快速有效，就要多動腦，從各種工作方式中篩選，找到最佳的工作方式，這樣你才能有效率。

有這樣一則故事：

兩個同齡的年輕人傑克和湯姆同時受雇於一家蔬菜店，並且拿同樣的

薪水。可是過了一段時間，叫傑克的小夥子青雲直上，而湯姆卻仍在原地踏步。

湯姆很不滿意老闆的不公正待遇。終於有一天他到老闆那兒去發牢騷。老闆一邊耐心的聽著他的抱怨，一邊在心裡盤算著怎樣向他解釋清楚他和傑克之間的差別。「湯姆，」老闆開口說話了，「你到菜市場上去一下，看看今天有賣什麼。」

湯姆從菜市場上回來向老闆彙報說，只有一個農民拉了一車馬鈴薯在賣。

「有多少？」老闆問。

湯姆趕快戴上帽子又跑到菜市場，然後回來告訴老闆一共 40 袋馬鈴薯。

「價格是多少？」

湯姆又第三次跑到菜市場問來了價錢。

「好吧，」老闆對他說，「現在請你坐到椅子上一句話也不要說，看看傑克怎麼說。」

傑克很快就從菜市場上回來了，彙報說到現在為止只有一個農民在賣馬鈴薯，一共 40 袋，價格是 2 美元 1 袋。馬鈴薯品質很不錯，他帶回來一個讓老闆看看。這個農民一個鐘頭以後還會帶來幾箱番茄，據他看價格非常公道。昨天他們店鋪的番茄賣得很快，庫存已經不多了。他想這麼便宜的番茄老闆肯定會要進一些的，所以他不僅帶回了一個番茄做樣品，而且把那個農民也帶來了，他現在正在外面等回話呢。

此時老闆轉向了湯姆，說：「現在你肯定知道為什麼傑克的薪水比你高了吧？」

湯姆跑了三趟，還在老闆的不斷提示下，了解了菜市場的部分情況；而傑克僅走了一趟，就掌握了老闆需要和可能需要的資訊。

現實工作中也有不少人像湯姆那樣，上司吩咐什麼，就做什麼，自己從不動腦筋主動去想，結果長期不被重用，還不明就裡，慨歎命運的不公平。而像傑克那樣做事高效、靈活的人，不僅圓滿完成了上司交給的任務，還主動給上司提供參考意見和盡可能多的資訊，自然會得到上司的賞識和青睞。

完成一項工作有多種方式。如果一生都能採取快捷的方式去工作，將不知節省多少時間。比如通知各個部門召開一個會議，你是一個個打電話通知，還是寫信或發傳真？顯然這裡寫信的方式最慢，傳真和打電話同樣快。如果打電話，受話人不在辦公室，你還需要再聯繫，半天後才找到受話人，還是沒達到快捷的目的。如果發傳真，無論受話人在不在辦公室，他回到書桌時都會看到，可以節省再次打電話找受話人所浪費的時間。在生活中，完成同樣的工作，高效率工作者總是善於動腦子，總能比別人快捷迅速的完成任務。

在完成一件任務之前，我們根據什麼原則選擇出快捷的方式呢？一般來說不外乎依據客觀事物的規律，任務的輕重緩急，自己所處的環境，以及自己和對方所擁有的交通和通訊條件來選擇最佳方式。

工作前，一定要動動腦子，找到最快捷、最迅速、最有效的工作方式才是工作中的頭等大事。

工作要有條理，有條理才不亂

　　在相同的時間，做事有條理的人比那些沒有任何條理和章法的人，肯定能完成更多的工作，並且這樣的工作方式也會得到老闆的欣賞和贊同。

　　看那些工作有條理的人在工作，他們不會覺得工作很累，工作對他們而言是一種享受。他們工作有秩序，處理事務有條有理，在工作期間，絕不會浪費時間，不會擾亂自己的神志，做事效率也極高。

　　相信每個老闆都會希望自己的員工是一個有條理工作的人，那樣不僅會提高工作效率，而且讓人感覺到舒心和鎮定。每一個員工要想在職場得到老闆的喜歡，就必須改造自己，只有這樣，才能讓人喜歡你，同時對自己的工作和未來也是大有裨益的。

　　有句諺語說得好：「喜歡條理吧，它能保護你的時間和精力。」選擇有條理的工作，就能創造高效，就能收穫樂趣。那些每天為了效率而疲於奔命的人因為生活和工作沒有條理，高效和快樂也就離他們越來越遠。沒有條理、做事沒有秩序的人，無論做哪一種事業都沒有功效可言。而有條理、有秩序的人即使才能平庸，他的事業也往往有相當的成就。

　　一位企業家曾談起了他遇到的兩種人。

　　有個性急的人，不管你在什麼時候遇見他，他都表現得急急忙忙的樣子。如果要同他談話，他只能拿出數秒鐘的時間，時間長一點，他會伸手把表看了再看，暗示著他的時間很緊湊。他公司的業務做得雖然很大，但是開銷更大。究其原因，主要是他在工作安排上七顛八倒，毫無秩序。他做起事來，也常為雜亂的東西所阻礙。

　　結果，他的事務是一團糟，他的辦公桌簡直就是一個垃圾堆。他經常很

忙碌，從來沒有時間來整理自己的東西，即便有時間，他也不知道怎樣去整理、擺放。

另外有一個人，與上述那個人恰恰相反。他從來不顯出忙碌的樣子，做事非常鎮靜，總是很平靜祥和。別人不論有什麼難事和他商談，他總是彬彬有禮。在他的公司裡，所有員工都寂靜無聲的埋頭苦幹，各樣東放得也有條不紊，各種事務也安排得恰到好處。

他做起事來樣樣辦理得清清楚楚，他那富有條理、講求秩序的作風，影響到他的全公司。於是，他的每一個員工，做起事來也都極有秩序，一片生機盎然之象。

因此，能做出重大的業績的人，唯有那些做事有秩序、有條理的人，才會成功。而那種頭腦昏亂，做事沒有秩序、沒有條理的人，業績永遠都和他擦肩而過。

做事沒有秩序、沒有條理的人，不會做出業績來。

第一次把事情做對，就是效率

在資訊瞬息萬變的社會裡，效率是創造卓越的關鍵因素。成功最大的因素在於工作的高效率，即在有限的時間內創造高品質的效益，而不在於工作的數量多少。

如今企業老闆提倡最優化原理，就是以最少的消耗在最短的時間內創造最優秀的業績，職場人士想盡辦法為公司創造利潤，這樣不僅給公司帶來了好處，更重要的是提升了自身的價值，現在許多老闆都是以小時計算酬薪，

以分鐘計算價值，打破了傳統的以年、月和日來估計工作數量，而不提倡高效率。

提高你的工作效率是職場最迫切的需求。有一句名言：「成功不稀奇，關鍵在速度！」是的，在資訊飛速發展的今天，成功不再是以時間的長短和工作經驗的多少來衡量的，而是以你的工作效率作為標準。工作效率展現了你的工作能力和創造的價值。

首先，「第一次就把事情做對」是提高工作效率的最佳途徑。有位廣告經理曾經犯過這樣一個錯誤，由於完成任務的時間比較緊，在審核廣告公司回傳的樣稿時不仔細，在布發布的廣告中弄錯了一個電話號碼，服務部的電話號碼被他們打錯了一個。就是這麼一個小小的錯誤，給公司帶來了一系列的麻煩和損失。

我們平時最常說到或聽到的一句話是：「我很忙。」是的，在上面的案例中，那位廣告經理忙了大半天才把錯誤的問題打理清楚，耽誤的其他工作不得不靠加班來彌補。與此同時，還讓上司和其他部門的數位同仁和他一起忙了好幾天。如果不是因為一連串偶然的因素使他糾正了這個錯誤，造成的損失必將進一步擴大。

平時，在「忙」得心力交瘁的時候，我們是否考慮過這種「忙」的必要性和有效性呢？假如在審核樣稿的時候那位廣告經理稍微認真一點，還會這麼忙亂嗎？「第一次就把事情做對」，在我參加工作之後不久，有一位上司就告訴過我這句話，但一次又一次的錯誤告訴我，要達到這句話的要求並非易事。

第一次沒做好，也就浪費了沒做好事情的時間，重做的浪費最冤枉。第二次把事情做對既不快、也不便宜。

「第一次就把事情做對」，是著名管理學家克勞士比「零缺陷」理論的精髓之一。第一次就做對是最便宜的經營之道！第一次做對的概念是企業的靈丹妙藥，也是做好企業的一種很好的模式。有位記者曾到汽車公司進行採訪，首先映入眼簾的就是懸在生產線門口的掛畫──「第一次就把事情做對」。

企業中每個人的目標都應是「第一次就把事情完全做對」，至於如何才能做到在第一次就把事情做對，克勞士比先生也給了我們正確的答案。這就是首先要知道什麼是「對」，如何做才能達到「對」這個標準。

克勞士比很讚賞這樣一個故事：

一次工程施工中，師傅們正在緊張的工作著。這時一位師傅手頭需要一把扳手，他叫身邊的小徒弟：「去，拿一把扳手。」小徒弟飛奔而去。他等啊等，過了許久，小徒弟才氣喘吁吁的跑回來，拿回一把巨大的扳子說：「扳手拿來了，真是不好找！」

可師傅發現這並不是他需要的扳手。他生氣的說：「誰讓你拿這麼大的扳子呀？」小徒弟沒有說話，但是顯得很委屈。這時師傅才發現，自己叫徒弟拿扳手的時候，並沒有告訴徒弟自己需要多大的扳手，也沒有告訴徒弟到哪裡去找這樣的扳手。自己以為徒弟應該知道這些，可實際上徒弟並不知道。師傅明白了：發生問題的根源在自己，因為他並沒有明確告訴徒弟做這項事情的具體要求和途徑。

第二次，師傅明確的告訴徒弟，到某間庫房的某個位置，拿一個多大尺碼的扳手。這回，沒過多久，小徒弟就拿著他想要的扳手回來了。

克勞士比講這個故事的目的在於告訴人們，要想把事情做對，就要讓別

人知道什麼是對的，如何去做才是對的。在我們給出做某事的標準之前，我們沒有理由讓別人按照自己頭腦中所謂的「對」的標準去做。

「第一次就把事情做對」，是提高工作效率的最佳途徑。

把工作簡單化，才能效率化

奧卡姆剃刀定律是由英國奧卡姆的威廉所提出來的。在他主張的唯名論中說道：「切勿浪費較多東西去做用較少的東西同樣可以做好的事」。這個定律在 14 世紀的歐洲，剃禿了幾百年間爭論不休的經院哲學和基督教神學，使科學、哲學從神學中分離出來，引發了歐洲的文藝復興和宗教改革。而其深刻意義，也在時間的沉澱中變得更加廣泛和豐富。

用簡單的話語來說明奧卡姆剃刀定律就是，保持事情的簡單性，抓住根本，解決實質，我們不需要人為的把事情複雜化，這樣我們才能更快更有效率的將事情處理好。而且多出來的東西未必是有益的，相反更容易使我們為自己製造的麻煩而煩惱。

這裡就有一個有趣的故事：

日本最大的化妝品公司收到客戶抱怨，買來的肥皂盒裡面是空的。於是他們為了預防生產線再次發生這樣的事情，工程師想盡辦法發明了一台 X 光監視器去透視每一台出貨的肥皂盒。同樣的問題也發生在另一家小公司，他們的解決方法是買一台強力工業用電扇去吹每個肥皂盒，被吹走的便是沒放肥皂的空盒。同樣的事情，採用的是兩種截然不同的辦法，你認為哪個更好呢？

　　因此，要記住，當一件工作的方法有簡單和複雜兩種選擇時，盡可能選簡單的那一種。

　　老實說，事情往往是可以很容易解決的，可是人們經常喜歡把它複雜化。

　　舉例來說，明明自己可以決定的事，卻非要等到主管同意不可。要是碰上主管剛好外出或是在開會，事情又得拖個一兩個小時，直到那位「關鍵人物」出現之後，事情才得以繼續進行。然而，這位主管真的會很用心的聽你報告後，才鄭重其事的做出決定。

　　事實上，大部分的管理者都會希望自己的部屬能夠在他們的職權範圍之內作好決定，完成工作。有些管理者你看他忙得不得了，電話每 5 分鐘響一次，門口還有人排隊等著他，記事本上排滿了一天之內要見的人。其實他有一半的時間都在「替他的部下工作」。如果你是名職員，請你不要事事都請示上級，這樣會造成拖泥帶水又沒有作為的結果，老闆也不會喜歡這樣的員工。

　　在管理中有一個「崔西定律」，即「任何工作的困難度與其執行步驟的數目平方成正比」。假如，完成一項工作有 3 個執行步驟，則此工作的困難度是 9，而完成另一項工作有 5 個執行步驟，則此工作的困難度是 25，所以必須要簡化工作流程。簡化工作是所有高效率人士的共同特點，工作越簡化越不會出問題。

　　要知道，複雜會造成浪費，效能來自於簡單。最容易不過的是忙碌，最難不過的是有成效的工作。而化繁為簡，善於把複雜的事物簡明化，是防止忙亂、獲得事半功倍之效的法寶。工作中，我們經常看到有的人善於把複雜的事物簡明化，做事又快又好，效率高；而有的人卻把簡單的事情複雜化，

迷惑於複雜紛繁的現象，使複雜的事物越複雜，工作忙亂被動，做事效率極低。這兩種類型的人其工作水準、效率之高與低，就在於會不會運用化繁為簡的工作方法和藝術。

美中貿易委員會主席唐納德‧C‧伯納姆在《提高生產率》一書中講到提高效率的「三原則」，即為了提高效率，每做一件事情時，應該先問三個「能不能」。即：能不能取消它？能不能把它與別的事情合併起來做？能不能用更簡便的方法來取代它？根據這個啟示，我們在檢查分析每項工作時，首先問一問以下 6 個問題：

1.　為什麼這個工作是需要的？是根據習慣而做的嗎？可不可以把這項工作全部省去或者省去一部分呢？

2.　這件工作的關鍵是什麼？做了這件工作之後會出現什麼過去沒有的新效果？

3.　如果必須做這件工作，那麼應該在哪裡做？既然可以邊聽音樂邊輕鬆的完成，還用得著待在辦公桌旁冥思苦想嗎？

4.　什麼時候做這件工作好呢？是否考慮到放在效率高的寶貴時間裡做最重要的工作？是否為了能「著手進行」重要工作，用了整天的時間去使工作「條理化」，結果把時間用完了，而所料理的只不過是些支離破碎的事情？

5.　誰做這件工作好呢？是自己做還是安排別人去做？

6.　這件工作最好的做法是什麼？是應抓住主要矛盾迎刃而解，收到事半功倍的效果，還是應採取最佳方法而提高效率？

然後在對每一項工作分析檢查之後，再採取如下步驟：

A. 省去不必要的工作。

B. 使工作順序合理，做起來得心應手。

C. 兩件或兩件以上的工作能夠合併起來做的就聯繫起來做。

D. 盡可能使雜七雜八的事務性工作簡單化。

E. 預先訂好下一項工作的程序。增強工作遠見，走一步，看兩步，想三步，提高決策的效率和準確性，減少決策過程的時間並使決策無誤。

　　無論在工作中，還是在生活裡，為了提高做事效率，就必須下決心放棄不必要的或者不太重要的部分，用簡便的活動代替那些費時費力的活動。如有的人盡量減少頭腦的儲存負擔，以提高頭腦的處理功能；有效的研究篩選讀書的人，能把書籍區分為必讀的書、可讀可不讀的書和不必讀的書，做到多讀必讀書，以增加得益。有的人在生活中還採取擺設不求齊全，以減少整理的時間；穿戴不過度講究，以減少換洗保存時間；吃喝買到家裡能直接下鍋的，以減少烹調時間等等。

　　有序原則是時間管理的重要原則。一位著名科學家說：「無頭緒的、盲目的工作，往往效率很低。正確的組織安排自己的活動，首先就意味著準確的計算和支配時間。雖然客觀條件使我難以這樣做到，但我仍然盡力堅持按計畫利用自己的時間，每分鐘計算著自己的時間，並經常分析工作計畫未按時完成的原因，就此採取相對的改進措施；通常我在晚上訂出翌日的計畫，訂出一週或更長時間的計畫；即使在不從事科學工作的時候，我也非常珍視一點一滴的時間。」

　　應該記住：明確自己的工作是什麼，並使工作組織化、條理化、簡明化，就能最有效的提高工作效率。

把工作任務清楚的寫出來

　　工作的有序性，展現在對時間的支配上，首先要有明確的目的性。很多時間管理權威都指出：如果能把自己的工作內容清楚的寫出來的話，便是很好的進行了自我管理，就會使工作條理化，因而使個人的能力獲得很大的提高。

　　只有明確自己的工作是什麼，才能認識自己工作的全貌，從全面著眼觀察整個工作，防止每天陷於雜亂的事務中。只有明確做事的目的，才能正確掂量個別工作之間的不同比重，弄清工作的主要目標在哪裡，防止眉毛鬍子一把抓，既虛耗了時間，又辦不好事情。只有明確自己的責任與許可權範圍，才能擺脫自己的工作和下級的工作、同事的工作及上級的工作互相扯皮和打亂仗的現象。

　　填寫自己應做的清單是使自己工作明確化的最簡單的方法之一。其方法是在一張紙上首先試著毫不遺漏的寫出你正在做的工作。凡是自己必須做的工作，且不管它的重要性和順序怎樣，一項也不落的逐項排列起來，然後按這些工作的重要程度重新列表。重新列表時，要試問自己：「如果我只能做此表當中的一項工作，首先應該做哪一件呢？」然後再問自己：「接著，我該做什麼呢？」用這種方式一直問到最後就行了。這樣，自然就按著重要性的順序列出了自己的工作一覽表。其後，對你所要做的每一項工作，寫上該怎樣做，並根據以往的經驗，在每項工作上注上你認為是最合理最有效的辦法。

　　為了使工作條理化，不僅要明確你的工作是什麼，還要明確每年、每季、每月、每週、每日的工作及工作進度，並透過有條理的連續工作，來保證按正常速度執行任務。在這裡，為日常工作和下一步進行的專案編出目

錄，不但是一種有效的時間節約措施，也是提醒人們記住某些事情的手段。特別是制定一個好的工作日程表就更加重要了。工作日程表與計畫不同，在於計畫是指對工作的長期打算，而日程表是指怎樣處理現在的問題。比如今天的工作、明天的工作，也就是所謂的逐日的計畫。許多人抱怨工作太多、太雜、太亂，實際上是由於他們不善於制定日程表，不善於安排好日常的工作。名作家雨果說過：「有些人每天早上預定好一天的工作，然後照此實行。他們是有效的利用時間的人。而那些平時毫無計畫，靠遇事現打主意過日子的人，只有混亂二字。」

制定工作日程表應遵守以下原則：

1. 以重要活動為中心制定一天工作日程。有些工作是關鍵的或者說是帶策略意義的重要活動，應以這樣的重要工作為中心。

2. 以當天必須首先要做的那件工作為中心制定一天工作日程。不可能有這種情況，剛開始做，一下子就做完了全部工作，所以要挑出那些在一天內必須做完，一旦受干擾中斷就不太好辦的工作。

3. 把有聯繫的工作歸納在一起做。種種瑣事歸納到一起，會使工作有節奏和氣勢。例如：有些信件，可以歸總起來一次寫完；盡量的約好時間，盡可能集中的依次會見來訪者；必須閱讀的材料，集中到一起很快的過一下目等等。

使工作日程與自己的身體狀況、能量的曲線相適應。能量曲線因人而異，一般人上午精力充沛，因此，要利用這段時間去從事那些最有挑戰性、最富於創造性的工作。而在你精神上、體力上和工作效率都在減退時，換做一些其他工作，或者做一些事先已經安排好了的工作，或者休息一下。

　　由於人們每天需要做的事情很多，事情又有輕重、急緩之分，大小之別，難免有時顧此失彼。所以在有了工作日程表以後，最好隨身攜帶筆記本和備忘錄用紙，這樣你不但明確了當天的工作，也明確了此時此刻應該做什麼。

　　除隨身攜帶筆記本外，使用卡片也是一個好辦法。可以把卡片放在衣袋裡、辦公桌上、家裡的書桌、餐桌上、電話機旁、床邊等必不可少的地方，時時提醒自己。或者，可以善用智慧型手機，使用具有記錄及提醒功能的App。

　　在工作中，有時突然頭腦中冒出一個新穎的想法，或者想起了什麼必須做的事，如果這些想法與目前正在做的事有關聯，那可以照著去做。如果它並不是要立即去做，今後做會更合適，那就把它記在備忘錄上；對那些有意義的設想，可以利用星期天、節假日仔細研究，並加以歸納整理。這樣，本來不太明確的事也明確了，你的工作和應辦的事就更有條理了。

　　把工作任務明確的寫出來，這樣工作起來才有目標。

第三章
增強學習力，你才能有競爭力

　　人才處於不斷折舊中，而學習是防止人才折舊的最好方法。不學習你的職位不但不能高升，還會下降；不學習你的薪水不但不能上調，還要縮水；不學習你的職位不一定能保住，還可能失去……只有增強你的學習力，才能提升你的工作能力，你才能有競爭力。

一邊工作，一邊學習

一個人如果受過了高等教育，是一種重要的標籤與資歷。但僅此一條是遠遠不夠的，特定的知識僅僅只有幾年的有效壽命，更多的知識是在工作當中邊做邊學。

(1) 學校教育

學校教育是一個長達十幾年的漫長過程，這個過程中，個人教育的決定權很大程度上取決於我們的父母。

小學、中學教育是一種基礎教育，目標僅僅是幫助我們擺脫文盲，以及掌握一些基本的、通用的知識。培養學習能力與掌握學習方法也是一個重要的目的。

高等教育則是一種專業教育。人生的確有時很矛盾，居然要求個人在缺乏足夠的資訊條件下，為自己做未來的基本定位，一個十幾歲的人必須決定自己未來的職業領域，並花費重要的幾年時間為自己茫然的定位決策學習各種東西。

高等教育除了學習特定的專業知識之外，更重要的是掌握特定的專業理論，現在所有的大學都將外語、電腦知識與技能作為教育的重要內容，這是時代的進步。

如果在條件允許的情況下，你不能肯定自己未來的職業定位，就選擇一個良好的大學；如果你已經肯定自己的職業定位，則選擇特定的專業，至於什麼學校則不重要。如果你發現自己選擇錯誤，盡快更改自己的學習內容，按照自己的興趣設計自己的學習內容。

學校時期，你必須擁有一定的知識基礎，這是你步入社會走向職場的關鍵。

（2）職業教育

企業錄取新人看文憑，「非研究生不要」的牌子常常掛在徵才活動上，國外又是怎樣呢？記者採訪了歐洲職業教育與培訓論壇主席漢斯・艾爾斯特博士。艾爾斯特告訴記者，歐洲職業教育的理念和發展目標是「讓學習更靠近學習者」，這一想法需要利用網路，以遠端教育為基礎，但又高於現在流行的遠端教育。具體說來，就是教育機構和教師更多充當顧問的角色，給學生提供近期和遠期目標，給他們的個人發展提建議。這裡，學生不單指在校生，而且指社會上所有有求知欲望的人。

談到荷蘭的教育狀況，艾爾斯特說：「職業學校畢業的學生，都可以輕而易舉的找到工作，成為中層管理人員，少數優秀人員還可以成為跨國企業高層管理人員。」

「在荷蘭，大學畢業生有時候找不到工作，要到職業學校學點技術才能找到工作。」他說。

在荷蘭，學生初中畢業後有兩種選擇：去職業學校和普通學校，大致相當於高中和高職。職業學校的專業覆蓋面廣，包括各項專業技術，大學裡有的專業職業學校基本上都有，只是內容淺一些；另外，學生畢業後可以找工作，也可以和普通學校的學生一樣報考大學，待遇相同。而普通學校是為了培養大學生，學生一旦考不上，很難求職。

現在，越來越多的優秀學生更喜歡上職業學校，因為這樣會有更多的選擇機會。

第三章　增強學習力，你才能有競爭力

　　目前 21 世紀的教育將是開放式的教育。你生活的這個時代，每天都在產生著新的職業，例如網紅、直播主等，同時一些舊職業也在逐漸消失。每一個人都需要不斷的學習，才能適應工作的需要。如果說，在不久前，你還有可能掌握你的領域中前人所累積的全部知識的話，那麼今後，你再也無法指望在年輕時能學到夠下半輩子用的知識。有調查顯示，化學知識不到 6 年就翻了一番，資訊技術知識不到 5 年就增加了一倍。微軟總裁比爾蓋茲曾對軟體研發人員說：「四到五年後，現在使用的每句程式指令都得淘汰。」知識的更新速度將越來越快，個人的知識如果不能隨之而更新，很快就將遠遠落後於時代的發展。知識的迅速進步在促使個人更新知識的同時，還不斷引發技術革新，技術革新又會使職業結構發生翻天覆地的變化，造成一些新的領域和專業人才需求。與此同時，某些傳統領域和行業的人才需求將會減少，甚至被淘汰。這兩方面的發展趨勢將越來越明顯，從而要求個人的知識結構、知識層次和知識面不斷更新。

　　終身教育適應了這樣一種職業觀念：在作用上，職業不只是個人為維持生活而必須選擇的社會角色，而且是保持個人與時代發展同步的參照系；在內容上，職業不再只是完成影響企業運轉的那部分任務，而且還包括為了將來也能勝任工作而接受的教育和培訓；在形式上，職業不只是一個工作職位，更是一所具有不斷更新的培養目標的小型培訓基地。

　　隨著社會進步和經濟發展，需要高水準知識和能力的職業的數量越來越多，社會對高等教育的需求也隨之成長，而且專業不斷更新，這些進程將使高等教育發展的速度遠超過中等教育。加上資訊和傳播技術使接受高等教育的機會和教育模式更多，因此大學普及化的趨勢已不可逆轉。這種普及並不是讓所有的人都從中等教育直接過渡到高等教育，並將高等教育作為教育的

最後階段，而是讓所有人在一生的不同階段接受某種形式的高等教育，實行全民終身教育。

(3) 工作中學習

資訊時代，特定的知識通常僅僅只有幾年的有效壽命，即使是台大、清大、陽明交通大學的學生，畢業幾年後也會面臨知識更新的問題，這是一個基本的事實與常識。你在大學中學到的知識只占其終生所學知識的 10% 左右，其餘的知識都是在以後的工作中邊做邊學的。

個人的職業生涯，一方面在不斷的升遷，另一方面也會不斷的變換工作環境。不透過學習掌握新的知識與技能，是不可能有所發展的。

工作中的學習有直接的針對性與目的性，大大縮小了學習的內容，增強了學習的明確性，學習起來更容易。

(4) 書籍

人生不可一日無書。書滿足人類喜新厭舊的本性。你看世界幾乎每時每刻都在推陳出新，令你眼花撩亂。人生苦短，及時讀書，否則將後悔莫及。

有人總結出人生不同階段讀書的作用與樂趣：

少年讀書：擺脫文盲，奠定基礎，認識自我；

青年讀書：謀職安身，講求時效，自我定位；

中年讀書：滋潤心靈，舒緩心理，提升品格；

老年讀書：神遊千古，神交友朋，智慧人生。

書是人生的需要，而非外在的強加。書是你我的良師益友，實應好

第三章　增強學習力，你才能有競爭力

好珍惜。

「萬般皆下品，唯有讀書高」的年代已經過去了，但是養成讀書的好習慣則永遠不會過時。

哈利・杜魯門是美國歷史上著名的總統。他沒有讀過大學，曾經營農場，後來經營一間布店，經歷過多次失敗，當他最終擔任政府職務時，已年過五旬。但他有一個好習慣，就是不斷的閱讀。多年的閱讀，使杜魯門的知識非常淵博。他一卷一卷的讀了《大不列顛百科全書》以及所有查爾斯・狄更斯和維克多・雨果的小說。此外，他還讀過威廉・莎士比亞的所有戲劇和十四行詩等。

杜魯門的廣泛閱讀和由此得到的豐富知識，使他能帶領美國順利度過第二次世界大戰的結束時期，並使這個國家很快進入戰後繁榮。他懂得讀書是成為一流領導人的基礎。讀書還使他在面對各種有爭議的、棘手的問題時，能迅速做出正確的決定。例如：在 1950 年代他頂住壓力把人們敬愛的戰爭英雄道格拉斯・麥克阿瑟將軍解職。

他的準則是：「不是所有的讀書人都是一名領袖，然而每一位領袖必須是讀書人。」

美國前任總統柯林頓說：「在 19 世紀獲得一小塊土地，就是起家的本錢；而 21 世紀，人們最指望得到的贈品，再也不是土地，而是聯邦政府的獎學金。因為他們知道，掌握知識就是掌握了一把開啟未來大門的鑰匙。」

每一個成功者都是有著良好閱讀習慣的人。世界 500 家大企業的 CEO 至少每個星期要翻閱大概 30 份雜誌或圖書資訊，一個月可以翻閱 100 多本雜誌，一年要翻閱 1,000 本以上。

如果你每天讀 15 分鐘，你就有可能在一個月之內讀完一本書。一年你就至少讀過 12 本書了，10 年之後，你會讀過總共 120 本書！想想看，每天只需要抽出 15 分鐘時間，你就可以輕易的讀完 120 本書，它可以幫助你在生活的各方面變得更加富有。如果你每天花雙倍的時間，也就是半個小時的話，一年就能讀 25 本書 —— 10 年就是 250 本！

我們要想在職場上占有一席之地，就要不斷學習、學習、再學習。

競爭力來自於個人品牌

能力是你的王牌，是你品牌的標籤。在職場變化多端的年代，競爭不可怕，裁員也不可怕，可怕的是自己沒有精湛的專業技能，沒有形成獨具特色的工作風格，沒有具備別人不可代替的價值，沒有形成自己的品牌。

個人能力是其一貫的信譽和口碑，是與一個人的厚積薄發分不開的，在職場中是具有識別性和稀缺性的。他們是某一專業領域裡的專家，某一技術業務方面的能人，某一工序、某一專業技術的大工匠，某一學科領域裡的大師或泰斗。他們的才幹和能力往往是其他人所不具備的，因而他們往往縱橫職場，遊刃有餘。

管理學大師湯姆·彼得斯曾這樣寫道：個人品牌與年齡無關，與職位無關，與我們偶然進入的行業無關，我們每一個人都必須認識到塑造品牌的重要性。我們是我們自己的公司 —— Me 公司 —— 的執行總裁。為了在競爭中生存，我們最重要的任務就是推銷自我品牌。美國著名家電公司惠而浦執行總裁惠特克說，如果我們擁有客戶忠誠的品牌，那麼這就是其他競爭廠商無法複製的一個優勢。與此同理，職場競爭中，個人的工作方法、工作技巧

都可以被競爭對手複製，但是，個人品牌是無法複製的，它是優秀人才的關鍵性標誌。

　　精深的專業技能是個人品牌建立的重要元素。只有不斷提升你的能力，你才能提高工作技能，你才能在職場中樹立自己的品牌。在職場，能力不強的人想樹立個人品牌很難，「個人唯有專精，才能生存，否則別人挑夢幻團隊隊員，不會想到你。」彼得‧杜拉克在他的著作中曾指出：現在個人專長的壽命，比企業的壽命長。如何將自己的技能和工作的風格形成一個特色，具備不可替代的價值，是建立個人品牌的關鍵。

　　當今社會，競爭激烈，每個職場人都要提升自己的競爭力，否則就無法在企業和職場中生存。競爭力來自於個人品牌，而個人品牌的形成首先需要具備卓越的工作能力。

　　能力是你的王牌，是你卓越的標籤。你一旦被貼上卓越的標籤，你個人品牌的含金量就會增加，你的知名度就越高，你給企業帶來的利益就越大，你的身價自然也就越加不菲。

精一行、會兩行、懂三行

　　現代社會擇業競爭如此的激烈，我們要想生存，就要樹立起學習終身制的習慣，爭取一專多能，多元化發展，才能適應這個社會的發展。

　　一個人如果掌握多方面的才能，就可以適應任何情況，不管社會怎麼變化，都會找到自己的生存之路。現代社會擇業中，我們只有樹立起學習終身制的觀念，爭取一專多能，多元化發展，一是為了謀生，適應這個社會，二

是為了充實自己。

　　有一位老師，在公司又兼任會計，她的教學業務和會計業務能力都是說得過去的，工作以後，一直未放得下學習，並已參加了註冊會計師考試。後來，她所在的學校招生形勢很差，學校關了門，只發生活費，按理說找工作不成問題，而且她在擇業上本來就無貴賤觀，可是真的找工作時，又是性別原因，又是年齡原因等給限制了，加上現在又懷孕了，於是她索性拿起筆來在家做了自由撰稿人，也為自己闖出了一條道路來。

　　「家財萬貫不如一技在身」這是一句老話。隨著市場經濟的發展，產業結構的調整和經濟體制改革的深化，傳統的「從一而終」的就業觀念，正受到越來越大的挑戰。企業兼併破產和減員增效帶來的離職、待業，富餘人員大量增加，為「第二次就業做準備」已成為一些人的共識。一個人要在社會上生存，其技術和技能是賴以生存的重要條件，也是個人謀生的手段。參加工作後，一個不注重隨時給自己充電的人，到了企業競爭上任、擇優錄取的時候，你原有的知識量，早已經嚴重「透支」，經不起市場的風起雲湧。怎樣才能讓「謀生手段」這張存摺上的數字越來越大？「終身學習，隨時充電」才是「萬變不離其宗」的法門。僅僅守著「做一行，愛一行」的觀念是不夠的，只有「精一行、會兩行、懂三行」的複合型人才，才是市場上的「搶手貨」。

　　傳統意義上的七十二行，在這個知識爆炸的時代已經明顯不夠了，全世界每年有多種工作職位在不知不覺中消失，同時，又有上千種新興的職位悄然出現。

　　臨淵羨魚，不如退而結網。君不見：電腦等級證照、英語等級證照、電子維修、文祕財會、棋藝茶道等各種培訓班的「人氣」很旺嗎？如今，文明

第三章　增強學習力，你才能有競爭力

素養和職業技能已經成為影響你收入高低和生活品質的最主要的因素。當企業經營出現困難時，高素養、多技能的員工輕易跳槽，享受高薪；而只有單一技能的職工的就業率就低得多。許多人早已開始針對市場需要什麼就學什麼，知識結構裡缺什麼，就補什麼。只有渾身「修練」得「十八般武藝」，任何變化你都能泰然處之。「藝多不壓身」，正如一句廣告詞所說：有實力才有魅力。處於社會競爭的我們，要認清個人所處的位置，認識到培養各種技能的重要性，這既是社會經濟發展的需要，也是每個人自身生存發展的需要。

有一個朋友，她離職了，年齡已過 30 歲。她花兩年時間苦讀韓語，因為有些基礎，她獲得證照。她被一家韓資企業聘去當翻譯。重新工作的她，嘗到過離職的苦果，工作很賣力氣，月薪也比在以前的公司時高出好幾倍。工作中，常有些日本客戶來談專案，日語她懂幾句，但很不成樣，她又暗下決心，研讀日語，陪客戶時向客戶學習，工作之餘用答錄機學習，節假日她去外語學院學習，家裡的事全託付給她丈夫了。又經過 3 年的努力，她的日語水準已達到精通，口語達到相當的水準。後來，她又跳槽到一家日資企業，收入頗豐。

想想看，她沒有外語的技能誰會要她，她沒有日語的技能又怎麼能跳槽，賺更多的錢呢？總之，我們只有更努力，更出色，更獨立，才能在這個社會站住腳。

你只有成為「精一行、會兩行、懂三行」的人才，你才能成為職場上的「搶手貨」。

真才實學遠遠大於一張文憑

真才實學是走向成功的敲門磚，那種僅僅靠一張徒有虛名的文憑，只能是擺擺花架子罷了，是難以適應社會發展的。

高爾基曾說：「社會是一所最好的大學。」社會這所大學很務實，能給你實用的知識，也能給你鮮活的資料，如果你真的需要，他什麼都可以給你提供。愛上這所學校吧，是你一生受用的學校。

渴求知識是一種積極心態，很多人在沒有條件讀書後就會說：就是這命。而有些人在沒有讀書後卻能更發憤的學習，正如很多人在童年沒讀多少書，但後來卻能與偉人為伍，被人們尊為成功者、強者，從古至今其例繁多，不勝枚舉。這些成功都與他們的吸取社會知識的營養分不開的。

在生活實踐裡學到的東西遠比課本裡的東西豐富得多，主要看你是否真的對學習有強烈的欲望，如果沒有，即使將你放在一流學府裡，你學到的東西也是很膚淺的。

學習的機會是無所不在，各種環境與機構處處在為你提供。學校教育僅僅提供學習機會的一部分，學習場所更不是只有學校而已。生活所處的家庭、鄰里、社區、社團、企業等各種各樣環境與機構都是終身學習機會的一環。

在實踐中和現實生活裡都有學之不盡的東西，我們只要有一個積極的態度，就能夠在任何情況下，獲得我們需要的知識和才能，更重要的是還應從生活裡汲取知識的精華而補充自己的不足，從而走向人生成功。而這些是學校裡無法學到的。

有兩個人是高中的同學，考大學的成績也不相上下，但就在收到錄取通

知書的同時，一個名叫阿春的母親突患急症而入院急救，經查診為腦溢血，因搶救及時而無生命危險，但卻從此成了植物人。這無疑給那個本不寬裕的家庭造成了重創，望著白髮愁眉的老父和躺在加護病房裡的老母，阿春決定放棄學業，以幫老父維持這個家的生計。為了償還給母親治病欠的債，他決定去打工。

在建築工地上，阿春起初是個苦力，由於有些知識底子，經理有意要阿春到後勤去做預算什麼的，但後勤是固定薪資，收入穩定但不高，阿春就請經理給安排在賺錢多點的職位。在工作期間，阿春邊做邊學，不恥下問，很勤快。對任何不懂的東西都向有關的師傅請教。在實踐中虛心學習、使阿春在一年多的時間裡掌握了幾種主要建築工程必備的技術。但這只是實際操作知識，阿春又利用那點有限的休息時間，購置了些建築設計、製圖、鷹架結構等有關書籍資料，在蚊子叮燈光暗的工棚裡學習。

偶爾與那位上了大學的同學通訊，同學在信裡給阿春描述大學的生活如何的豐富多彩。信上說，大學裡可以和同學處對象，進舞廳，同學們可以到校外去聚餐喝酒。阿春寫信說自己打工的條件很苦，沒有機會上大學了，勸他的同學要珍惜那裡優越的學習機會和條件。這位同學回信說在大學裡學習一點都不緊湊，學的只要別太差，一樣會拿到畢業證書的。

第二年，阿春基本掌握了基建的各種操作技術和原理，漸漸由技術員提升為副理。由於阿春的好學肯做精神，以及紮實的功底，公司試著給阿春一些小專案讓其去施工。由於措施得當和管理到位，阿春的每個專案都出色的完成，在這期間，阿春仍沒放棄學習，自修了哈佛管理學中的系列教程，還選學了一些和建築有關的學科，準備參加檢定考試，完善自我。

第三年，公司成立分公司，在競選經理時，阿春以優秀的成績競選成

功，阿春準備在這個行業中一展宏圖、建功立業。

同年六月，那位上了大學的同學畢業了，由於平時學習不太刻苦，有幾科考的很不理想，勉強拿到畢業證。因此在很多用人公司選聘時都落選，只有一家小公司看中他，決定試用半年，由於剛畢業且在實習期，薪資和待遇不高，以及工作條件不理想，這位同學很惱火。由於他學業成績不佳，且在工作中態度不佳，雙方均不滿意，只好握手言別，這位大學生失業了。

此時的阿春已是擁有近千人的工程公司的經理，仍在遠端教育網路進修和業務相關的課程。大學生找到阿春說自己的想法是要給阿春來做個助手，「朋友嘛，總有個照顧。」

阿春說：「來做可以，我這裡同樣也只問效益和貢獻，沒有朋友和照顧，要拿得出真才實學。到哪都會得到承認，光靠朋友和照顧，那是對你以及我公司的失職，那永遠是靠不住的。」

有人說：過去的時代是資本時代，由資本決定社會的發展；而現在則是知本時代，知識就是資本。知識經濟時代，就需要我們改變觀念，掌握真正的知識。知識，才能創造財富，走向成功。如果你學不到真正的知識，就等於失去了社會的生存競爭力。

實力的強弱並不能決定能力的高低和成功與否。學習中，資質平庸的人，只要用心專一，假以時日，必有所成。相反，天資聰穎的人如果心浮氣躁，用心不專，只會辜負上天的厚愛，一事無成。

有人曾說過：「實踐出真知。」知識並不是全都要一本正經的坐學堂抱書執筆才會學到的，在現實之中，每個社會環境裡，只要你真潛心俯首求知，那你終將得到真實的知識，受益一生。

真才實學是走向成功的敲門磚，僅僅靠一張圖有虛名的文憑，是很難適應社會發展的。

把知識轉化為能力

在工作中，一個人能否勝任工作，不僅僅需要你的專業知識，更重要的是綜合素養的展現。

在很久以前，有一位國王，他想聘用五位學者作為他的宮廷顧問。這五位學者分別是邏輯學家、語言學家、生物學家、占星家和音樂家。他們都表示自己在某一方面很有專長，但是國王並不知道怎樣考查他們。在聰明的宰相建議下，國王讓五個人先去自己做飯吃，透過生活中的這一自理能力來考查他們的綜合素養，然後再根據考查結果來獎賞他們。

宰相安排他們住在一間寬敞的房子裡，並準備好了必要的用具，另外還有一些米，剩下的東西只能靠他們自己去找了。為了更好的考查他們，宰相還特地派了一些屬下暗中觀察他們的行蹤。

為了做飯，五個學者做了分工。邏輯學家去市場上買酥油，很快就提著一罐子酥油回來了，可是他的邏輯學知識使他情不自禁自問道：究竟是罐子黏著酥油呢，還是酥油黏著罐子？他反覆考慮仍然不得其解。最後他只好親自試驗一下，以便弄清這個邏輯關係。於是，他把罐子口朝下一翻，還沒等他回過味來，一罐子油都撒在了地上。這回邏輯學家才弄清了誰依靠誰的問題。他為弄清了這個邏輯關係而興奮不已，於是愉快的拿著空罐子回到了住處。

語言學家去街上買牛奶。在大街上，他遇到一個賣牛奶的女孩，那個女孩在大聲的吆喝著，他聽到那個女孩的吆喝不符合語法，於是走上前去對她說：「看來你是個外地的野女孩！每一個詞和每一個字很神聖，發音不對就等於糟蹋了它，這是在褻瀆聖物。」女孩聽了這番教訓和責備很不高興，她回敬說：「你是哪裡來的？你才是一個野人，你有什麼資格教訓我，先管好你自己的舌頭吧。如果你想買牛奶的話，就買，不然，就閉上你的嘴，滾開吧！你不要在這裡浪費時間了！」

聽了這頓數落，語言學家火了，說：「如果我從像你這樣不懂語法的人手裡買牛奶，我也會因此而招致罪惡。」他說完氣呼呼的走了，最後也沒買回牛奶。

生物學家來到市場上買菜。他看到那裡有各種各樣的菜，有茄子、櫛瓜還有韭菜，但是他想，茄子吃了使人發熱，櫛瓜吃了使人發冷，韭菜的根莖吃了常引起痛風症……他發現每種菜都有缺點，選來選去總是不如意。最後他什麼菜也沒有買，只好空著兩手回到住處。

占星家來到了附近的森林中尋找樹枝、柴草，準備煮飯用。他爬到一棵榕樹上去折樹枝，忽然聽到有一隻變色龍在樹上咕嚕咕嚕的叫起來。占星家自言自語說：「這個叫聲很不吉利，我最好還是下去吧。」當他試圖下來時，地上有隻蜥蜴又叫了起來。他想，這個聲音好像也不太吉利，怎麼辦呢？等到那隻蜥蜴不再發出叫聲時，他才匆忙從樹上跳了下來，可是這時天已經快黑了，他只好回到住處，當然也是兩手空空。

當四個學者都出去採購時，音樂家開始用僅有的一點柴火和小米煮粥了。他把開水倒在鍋裡，再加入小米，蓋上鍋蓋，點著火。不一會兒蒸汽噗噗的冒出來，把鍋蓋頂得啪啦啪啦直響，聽到這種聲音，音樂家的靈感來

了。他隨著鍋蓋跳動的節奏，譜起曲子來。過了一會兒聽不見響聲了，卻冒出一股怪味來，這時音樂家的靈感也消失了，他趕緊掀開鍋一看：「哎呀！糟了，小米粥全黏在鍋底上了。」

到了晚上，五個學者聚到了一起，他們相互指責起來，都說因為別人沒有配合好，所以才沒有做好飯，但誰也沒有想到自己的錯誤。

國王透過暗中監視他們的人知道了這一切情況，他很同情五個學者。最後他把他們叫到一起說道：「先生們，光有書本上的知識還是遠遠不夠的，沒有人願意聘用一個書呆子。生活需要各方各面的知識，僅有專業知識也是不行的，你們還要注意各方面的均衡發展。」

從上面的故事中，我們不難看出，光有書本上的知識是不夠的，只有將學到的知識能在具體的實踐當中得到靈活應用，才能轉化為能力，你的知識才會發揮應有的作用，你的價值才能夠得以展現。

因此，我們僅僅有高學歷不能代表你有能力，也不能代表你能把工作做得比別人好，要知道只有把學到的知識轉化為能力才能有作為。

光有知識是遠遠不夠的，還需要把知識轉化為實際的工作能力，你才能做出成績。

終生學習才能適應社會發展

競爭是當今社會的必然趨勢，適應社會發展，適應競爭機制，對每個人來說，是別無選擇的社會現實。只有接受現實，積極參與競爭，養成競爭的習慣，才能充分發揮你的生存智慧。

　　一個人要想在社會中增強自己的生存之本，就必須在知識與能力上永遠富有競爭力，要在社會變革中與時俱進，適應生存環境，取得人生成功，就要時刻具有終生堅持學習的習慣。

　　「教育應當是終生進行的」，這一觀點直到今天才被普遍接受。青少年要不斷的學習，成年人同樣要不斷的學習。成人教育的形式與內容十分豐富，從夜校到週末教育計畫，從美食烹飪、減肥鍛鍊、壓力鬆弛到積極態度培養等，不一而足。這些學習都是我們生存所必須的內容，也是智慧生存的前提條件。

　　「名牌公司」也已經開始在教育領域扮演積極的角色。在各種課程的企劃和設計方面，教育工作者的諮詢和幫助使他們的特殊需求不斷得到滿足。

　　福特汽車公司董事長唐納德‧彼得森在評論這個問題時提出了他的精闢見解：美國 75% 的雇員需要接受再教育和再訓練，必須教給他們新的知識和新的技能。瞬息萬變、高速發展的現代經濟，要求人們必須不斷的對自己的工作重新定位。」

　　在談到關於閱讀能力的問題時，彼得森說：「96% 的美國青年可以順利的閱讀電視節目表並從中挑選一部自己喜愛的電影，然而只有不足 40% 的年輕人能對報紙上的專題文章加以評論。」美國教育部的一份報告對這一問題的嚴峻程度予以確認。調查發現，一般成年人的閱讀能力在國中 7 ～ 8 年級的水準上；年齡在 20 ～ 25 歲之間的年輕人，其中 20% 的人閱讀能力低於國中 8 年級水準，有 5% 甚至低於國小 4 年級的水準。有 0.27 億以上的美國人是功能性文盲。半數美國國民的閱讀能力低於國中 9 年級水準。根據聖地牙哥文化專家湯瑪斯‧斯蒂加特博士的分析，這一狀況所付出的代價是：美國的各行各業每天都要損失上千萬美元。

第三章　增強學習力，你才能有競爭力

在各級各類學校開設的課程中，學生們是不可能學到諸如如何聚積財富、如何發展積極的心理狀態以及如何使幻想變為現實等知識的。雖然我們的教育系統在這些方面是失敗的，但是人們仍然可以很好的、很充實的生活，為什麼會是這樣呢？

我們如果深入的加以思考，就會發現，所有的大學，或者稱作高等學府，能為我們所做的一切，依然是我們跨入第一所學校時，學校最初為我們所做的那樣 —— 教我們怎樣閱讀。我們學習用各種語言閱讀，學習閱讀各種科學知識。我們從各類書籍中學習，從入門知識到基本理論，再到某一學科的全部內容。然而我們在學校裡所獲得的知識，主要是各種理論知識，其實都來自各種書籍。儘管各個學科的教授們為我們付出了大量的心血，但我們所獲得的知識更需要加強社會實踐，才能變成真正的知識。

在資訊社會，知識是要經常更新的，這十分重要。有人的確掌握的知識較豐富，但也未免在自鳴得意的同時遇到不可救藥的麻煩。我們必須知道，追求知識永遠沒有止境，只有我們不斷堅持努力學習，不斷更新知識，也就容易適應和跟上社會的發展。

張先生在幾年前就對組裝和安裝電腦很有一套，那時 Windows XP 即將卸任了，而 Windows 7 剛問世，作業系統的安裝維修在他的手上簡直和玩玩具一樣，因為張先生在 Windows XP 向 Windows 7 過渡後又仔細學習了 Windows 7 系統升級後的程序和特點，加之基礎穩固，所以得心應手，在附近的電腦業圈內小有名氣。

由於在一些用戶的維修和組裝過程中根本沒遇到過什麼難題，而且有些其他人處理不了的故障他也能處理，故在 Windows XP 升級到 Windows 7 和後來的 Windows 10 和 Windows 11 時，張先生根本沒有在意，他以為

升級只是為使操作越來越簡便罷了。

但在一次幫客戶排除電腦當機故障時，卻怎麼也恢復不了正常開機，以前所有的招術幾乎山窮水盡也未能奏效，這時的張先生方知自己太大意了，他只好帶著問題去請教一位新秀，經新秀指導，其實就是少按了兩個鍵的事。這給張先生敲了一次警鐘：實在不能大意，如此下去，飯碗難保呀！

自此後張先生每見有何升級的軟體和各類新知識資訊，都不會放棄，於是張先生有了口頭禪：「快！變得真快呀，得趕快學！」

這個故事充分說明，在現代生活裡只有順應社會發展，跟上科技發展的步伐，你才能不落後。一個人如果不及時充電，成功無從提起；就是給別人做事，也是說不定哪天被你上司扒拉到一邊去，找個更新的腦袋來換工作也不足為奇。生存的空間在變小，競爭的激烈程度也在升溫，誰都想成為社會的寵兒，沒有誰會因自己成為社會的棄兒而興奮，如果對新的知識不感興趣，那麼你離棄兒的路口也就並不遙遠了，有學者預言，在未來十年後，如果不及時學習新知識的話，當農民都沒有你的位置。因為現在種地養畜都要有技術和高科技才行，只會掄鋤頭拿鐮刀是不行的。

學習無止境，成功需要終生學習，尤其是行動資訊革命時代，每一個不想被社會淘汰的人，就要讓學習將成為終生的需要。

過去一個人只要學會一技之長就可以終生享用，現在就不行了。今天還在應用的某項技術，明天可能就已經過時了。

知識、技術更新換代的速度讓人目不暇接，要使自己能夠跟上時代發展的步伐，就要不斷的學習。

其實，古代哲人荀子早就說過：「學不可以已。」一個人如果停止學

習，就會退步。從一個人的自我發展和自我實現來說，一旦停止學習，也就到頭了。

我們今天還談不上到頭不到頭的問題。我們多數人還在如何適應生存，如何才能發展自己的問題上思考著學習的重要性。如果停止學習，你就要落伍，就要被時代淘汰，你的生存就會受到威脅，就談不上發展，更談不上自我實現。

人的潛能是很大的，成功沒有止境，學習也是沒有止境的。不斷的學習，你就會有不斷的進步。

有些人淺嘗輒止，滿足於一時的成功。他們雖然值得慶賀，但不值得人敬佩。只有那些不斷進取、不斷超越自己的人才值得我們敬仰。

過去，我們也愛說這樣一句話：活到老，學到老。因為，現代社會的發展變化是很快的，一個人一旦停止了學習，他就會成為社會的落伍者，他將在快速發展的社會裡找不到自己的位置。

斯托・衛爾原來想做一個營造工程師，並且一直在這方面學習專業知識，加強自己，但是，在美國經濟大恐慌時期，他找不到他的就業市場，也就是說，他所學的專業知識沒有用武之地，他無法實現原來的夢想。

他重新估量了自己的能力，決定改行學習法律。他又一次回到了學校，去學將來可以當律師的課程，很快，他學完了必修課程，透過了法庭考試，很快就執業營運了。

斯托・衛爾回學校上課的時候，已經年逾不惑，並且成家立業，更加令人感動的是，他不迴避困難，而是仔細挑選了法律專業最強的幾所院校去選修高度專業化的課程，一般法學系學生需要四年才能上完的課程，他只花了

兩年就讀完了。

很多人會找藉口說：「我已經太老了，學不懂了。」或者說：「我有一大家子人等著我去養活，哪有時間去學習？」這實際上是一種藉口而已。其實，人生有很多個層次，要想達到最高層次的人生境界，就必須用一生的時間去學習，去努力；滿足現狀，就等於自己宣告自己生命的結束。

人的一生就是學習的過程。

學會學習，你就會有收穫的一生。

學會學習，你就會有成功的一生。

學會學習，你的一生就有了意義。

只有學習才是終生的事業。

走上工作職位也不要忘記學習，只有學習你才不會被淘汰。

第三章　增強學習力，你才能有競爭力

第四章

工作有計畫，才能秩序化

工作沒有計畫，你就會像熱鍋上的螞蟻，亂了手腳沒有秩序，忙了大半天也沒有成績。只有良好的工作計畫，你才能做起事來有頭有序，完成任務毫不費力。

條理化源於工作計畫

合理利用好時間和精力做出更多的工作，就意味著我們的生命的效能得到了有效提升，稀缺的資源得到了最有效的利用，創造了精力和時間的最大價值。重視我們的時間和精力價值，是我們提高工作效率、效能的基本前提。

那些在工作中忠於計畫，不斷改進的人的進步會越來越明顯，他們的行為也必將會吸引企業管理者的關心，甚至會成為群體中的榜樣。而那些無視計畫的人，整日仍然處於無序的工作狀態之中，業績絲毫不見提高。

不要以為自己的工作不重要就不去作計畫，計畫能讓我們的工作感覺到明顯的進步。儘管有時進步是微乎其微的，有時可能幾天的計畫都是一模一樣，但是許多優秀員工的成功經驗告訴我們，認真的做一份計畫不但不會約束我們，還可以讓我們的工作做得更好。

美國著名的企業家沃爾·巴倫茨曾這樣形容他的司機：他有一本形影不離的工作日誌，每天早晨，他都會把前一天寫好的工作計畫再翻看一遍，而在一天的工作結束後，他要對這一天的工作進行總結，同時把下一天的計畫再做出來。這是一個多麼好的習慣！

一個好的計畫對於組織的工作將達到事半功倍的作用。它可以彌補不確定性和變化帶來的問題。計畫是面向未來的，而未來又是不確定的。計畫工作的重要性就在於如何適應未來的不確定性。因此需要進行周密細緻的預測，制定相對的補救措施和隨時檢查計畫的落實情況，遇到問題則需重新制定相對的計畫。即使將來的事情是確定的，也需根據已知事實的基本資料計算採用哪種方案能以最低的代價取得預期的結果。

一個好的工作計畫有利於工作者把注意力集中於目標。計畫工作可以使人們的行動對準既定的目標，讓你從日常的事務中解放出來，而將主要精力放在隨時檢查、修改、擴大計畫上來，放在對未來不確定的研究上來。這既能保證計畫的連續性，又能保證全面的實現目標。

工作有業績，關鍵在於工作的計劃性。而要做好工作計畫，關鍵在於思維的條理性。

有計畫的工作是最有效率的，沒有計畫的工作肯定是低效率的。凡事預則立，不預則廢。我們每一個人都希望自己的工作富有效率，那麼就從做好計畫開始吧！

計畫按時間分為年度計畫、月度計畫、週計畫、日計畫；按事情分為專案計畫、工作計畫、投資計畫、經濟發展計畫、社會發展計畫；按制定計畫者分為個人計畫、小組計畫、公司計畫、地區計畫、國家計畫等等。

無論制定什麼樣的計畫，都必須對計畫範圍進行劃分，全面系統的羅列出所有要做的工作項目和任務，如項目計畫，要解決做什麼、做到哪一步、怎麼做的問題，首先我們要將這個事情的目的、目標確定下來。其次，我們要拿出解決方案：怎麼做？什麼時候做？由誰來做？要花多少成本來做？要系統的、全面的把握。再如個人日工作計畫，就得將當日要做的工作專案全部羅列出來，其中有些專案是要當日做完的，有些是要當日開始做的，有些是要做整個事情的其中一兩個問題的，有些是要著手準備的，有些是還在考慮之中的等等，都要很好的進行計畫、籌劃、安排，這是條理性的一個方面──全面系統的把握事情：全面與過程。

在專案計畫裡，怎麼做？就涉及到工作量的大小的問題。不同的事情有不同的工作量，同一件事情，目標、標準、要求不同，工作量也不同。我們

第四章　工作有計畫，才能秩序化

要對工作量進行評估，還要對自己的工作能力進行評估，在此基礎上才能把計畫安排下來。專案計畫是日、週、月、年工作計畫的基本要素，每一件事情都有了操作計畫，歸併到一起就是日、週、月、年的工作計畫，實際操作是反過來的，先定年度工作計畫，確定一系列的工作專案，再分解到月、再分解到週、再安排到日。這種分解、安排都是依據工作量做出的。這是工作條理性的第二個方面：評估工作量。

計畫中的工作順序是由什麼決定的呢？決定於事情的輕重緩急的分析、判斷。我們做事情，不能一把抓，急的事情應當優先做，重要的事情應當花多點時間、精力去做，有些事情還要等到時機成熟才能做。做工作要會抓主要矛盾，要先解決問題、矛盾的主要方面，主要矛盾和矛盾的主要方面解決了，其他的問題就迎刃而解，就會達到事半功倍的效果。否則就是事倍功半，效率就會大打折扣。

對事情輕重緩急的認識、對主要矛盾、矛盾的主要方面的認識，決定於我們對這些事情的意義、作用、利弊得失的認識、比較、分析。每一件事情都有它的道理，都有要做它的理由，這個理由就是做這件事的意義、必要性、作用、地位、重要性、利害關係等等，做事情都是有功利性的，這是客觀存在，沒有功利的事情誰也不會去做。做好這件事情對誰有利，有多大的利（不僅僅是金錢的利），這是判斷事情輕重緩急的依據。

對利弊得失的排序，決定了我們對事情的輕重緩急的判斷、選擇，從而影響工作計畫的安排。結合到我們的工作中，主要是兩個方面的問題：

一是不會全面系統的把握工作任務。由於沒有個人的工作計畫，沒有將部門的工作計畫分解、落實到個人工作計畫中去的這麼一個過程，一個月、一週、一天中自己該做什麼心中沒有底，也不清楚究竟有多少項工作、有多

大的工作量需要我去做，結果做起來就是想到什麼就做什麼，碰到什麼就做什麼，工作沒有條理性，自己的時間、精力不是得到極大的利用，而是不知不覺中浪費掉了。可能該做的事情沒有做，不該你做的事情卻做了；該優先做的事情放到了最後；該重點花時間、精力的事情卻沒有足夠的時間精力來做。結果自己忙了個頭昏腦脹、疲於奔命也沒有把事情做好。所以管理好自己的時間，就是清楚的知道自己的工作計畫，就能做好自己的工作，就等於擴充了自己生命的意義。

二是對一件事情的意義、重要性、必要性認識不深、理解不透，利弊得失拿捏不當，所以工作就排不出頭緒，看不到這件事情做與不做、做好與做不好的利弊得失，就不可能抓住重點、要害；看不到不同事情之間的不同意義所在，就不可能有比較、分析，也就無法判別事情之間的輕重緩急，工作也就處於無序狀態，就會浪費寶貴的時間、精力；看不到事情的意義所在，就無法確認事情進一步的發展變化方向，就不可能對事物發展具有遠見，就做不到「一葉落而知秋」。所以，對事情意義的認識及其深度就決定了我們能不能做好事情，成果大小的關鍵。因為認識到了意義所在，也就決定了做這件事情的目的和目標，工作當中就會緊緊抓住目的和目標不放，就能做出我們希望做到的事情。

工作計畫是我們的行動指南，執行完計畫，我們就有了進行總結的依據，就能夠總結經驗教訓，我們就學到了東西，就有了進步。否則，我們就只有是瞎做和蠻做，就有可能在同一個問題上面一而再、再而三的犯相同的錯誤，這是很愚蠢的。

工作有計畫才能條理化。

計畫就是節約時間

著名物理學家富蘭克·貝爾曾經說過：「令人驚訝的是，當我用足夠的時間計畫後，我可以完成很多事情。而同樣令人驚訝的是，如果不經過計畫，我就只能完成一點點事情。我寧願在一個星期裡緊張的工作四天而有進度，也不要一直做卻沒有結果。」

時間管理的關鍵就是事情的控制，所以能夠把事情控制得很好，就能夠贏得時間。那麼怎樣才能控制好事情，從而贏得時間，取得最大限度的成功呢？其實最簡單的一個方法就是給自己設定清晰的目標和計畫。俗話說得好：「磨刀不誤砍柴工」，明確的目標和計畫可以節約時間，使工作更有條理。

舉一個簡單的例子，同樣是建一棟房子，一個業餘的工匠事先也沒有設計藍圖和規劃，憑他的高超技藝，房子最後也能建造起來，但花費的時間就會是正常情況下的好幾倍，而且品質也無法保證。另一個專業的工匠根據地皮和房子主人的需求設計藍圖，然後是採購準備材料，打地基、搭建主體工程，如果主體架構基本完成了，即使下雨的天氣也可以在內部進行裝修，不會影響到工程進度。也就是說，建造同樣的房子，使用同樣的人工和材料，所花費的時間和財力卻相差甚遠，甚至連最後造出來的房子品質也大相徑庭。

不作計畫的人只是消極的應付工作，在心理上他將處於受擺布的地位；作計畫的人則有意識的支配工作，在心理上他將居於支配者的地位。這顯然是作計畫的意義所在。

作計畫的另一個好處是，計畫足以縮短工作的執行時間並提高工作的效率。許多人常常以「沒有時間」作為不作計畫的藉口。這種藉口是難以成立

的，因為根據上述的道理可知，越不作計畫的人將越無時間，更何況花時間作計畫無異於「投資時間以節省時間」，這本來就是一種明智的舉措。

由於目標中所假設的客觀環境時時發生變動，所以計畫與事實常常難以趨於一致。因此，只有重視計畫的擬訂，才可以避免徒勞無功。

這說明如果在工作開始前花上一點時間做工作計畫，就能夠節約更多的時間，取得更大的成效，何樂而不為呢？很多同事認為他們所做的事情無非都是一樣的，日復一日，年復一年，總是不斷的重複著同樣的事情，完全沒有必要寫工作計畫；而且每天要做的事情都忙不完，哪有閒功夫來寫工作計畫？

所謂「忙而不盲」，就是說事趕事，人趕人，也許一天下來你都在忙，甚至忙得不可開交，連吃飯的時間都沒有，但如果你靜下心來仔細的回顧一下你所做過的工作，哪些事情是不重要的？哪些事情是不緊急的？哪些事情不是自己的職責範圍，而是越俎代庖做了別人做的事情？哪些事情是沒有成效的，是白白浪費了時間？如果是的話，就說明你確實忙，但也盲，雖然做了很多事，但因為沒有事先很好的規劃，沒有事前分輕重緩急，結果做了很多無用功。

事實上，不論你所從事的是什麼性質的工作，身處什麼樣的職位，事情都是有輕重緩急之分的，起先可以對你一段時間的工作進行記錄，哪怕是記流水帳，你都能從這本「流水帳」裡邊看到你時間的安排合不合理，工作的成效高不高。如果你能對你的那本「流水帳」進行改造優化，根據你工作的特性，科學的規劃你的時間、安排你的工作，不斷的調整適應，你會發現你的思路將越來越清晰，目標越來越明確，工作也越來越有效率，你也沒有以前那樣的窮忙。

第四章　工作有計畫，才能秩序化

　　工作計畫並不是為了給自己增加壓力，而是為了讓自己記住有哪些事情需要去做，而不是被無形而又說不清楚的工作壓力弄得頭昏腦脹，煩躁不已。

　　制定計畫的根本目的是給自己一個有序的、有準備的工作安排。因此，不要為未完成預定的任務而懊惱，而是要記住這些任務，並且盡快安排去完成。同時，工作計畫還會給你帶來自信和成就感。當一個人看到面前成堆的任務在計畫上被劃去，心情該是何等的暢快。所以，為了你更有效的完成工作，還是制定一份計畫吧。

　　計畫就是投資時間、節約時間。

合理計畫，巧妙安排

　　做事情要有計劃性，有計畫容易成功，沒有計畫就會失敗。有些人很努力，每天都很辛苦，但總是沒什麼收穫，就因為他做事沒有計劃性。

　　下面我們就拿購物來說說計畫安排的重要性：

　　在你走進超市之前，你是先列好購物清單或者在腦子裡過一遍你需要買的東西，並準備好你的錢，還是等進了超市再一個貨架挨一個貨架的邊看邊想，終於拿齊了你要的東西之後，到了收銀台前才發現自己忘了帶錢？或者你買了東西回家才發現你漏了一樣馬上要用的東西，不得不再跑一次超市？其實，提前列一個購物清單占用不了你幾分鐘的時間，甚至你只是需要在腦子裡整理過一遍你需要的東西，你就可以節省很多的精力、時間，減少很多波折。當然，走進超市之前檢查一下你的錢包和信用卡也是好習慣，避免你

浪費了時間之後還要遭遇尷尬。有了一個小小的計畫，你就可以保證一次拿到自己需要的所有用品，甚至你可以估算出大致的數量，減少花在收銀台前的時間。

由此可見，我們不論做什麼事都要有一個合理的計畫，巧當的安排，才能提高做事的效率。這樣既節省了時間，也能出色的完成工作。

許多時效高手，除了樂在工作外，也能從超高的時效本身獲得快樂。這些人未必都是工作狂。不過，他們卻以自己的成就和時效為傲：能在一天中做完別人一週內才能完成的事。

要讓你的時效能力有顯著的提升，並不需要激烈的改變，只要做好計畫，安排好，就能從繁忙中開始得到更多喘息的機會，也漸漸學會在更短的時間內做更多的事，你的時效也會因此大幅提高。

如果對自己的工作缺乏控制意識，無論你有多強的責任心，都可能使自己的工作陷入混亂狀態。只有給自己的工作分配出時間和日期，你才能一件一件按部就班的完成工作。如果你的工作沒有計畫，你不知道什麼時間開始投入一項工作，你也不知道這項工作需要做什麼樣的準備，你只是認定了完成一項工作最好的方法就是去做，你就立即投入到工作之中，很可能給你造成很大的麻煩，你將事倍功半。不錯，完成一項工作最好的方法確實是去做，但混亂的工作、盲目投入的工作就像是沒有目標的旅行，你就是一個有勇無謀、莽撞的人。

沒有計畫的工作會讓你在中途發現許多瑣碎但必須做的小事，你不得不被這些瑣碎小事纏住而心煩意亂，你甚至會覺得自己被失敗感糾纏而放棄工作。即使你完成了工作，你也會對它產生負面印象，在你需要再做同樣的工作時，你會因為它的瑣碎厭煩、浪費時間而望而卻步。

無論你要進行的是一項什麼樣的工作，事先做計畫是必須的，因為它會減少讓你的工作陷入混亂之中。

規劃時間，提高效率

別人用兩天才能完成的任務，你半天就可以完成，那你就沒有理由不是優秀的，老闆就沒有理由不器重你，公司也沒有理由不提升你。所以，我們要學會管理時間，提高效率，是工作的重要內容。

那麼怎麼樣才能管理好自己的時間，做個高執行力的人？

在學會管理時間之前先來了解一下時間規畫，規劃時間是管理時間的前提和基礎，只有做好了規劃才能真正有效的把時間利用起來，提高效率。

一般說來時間規畫分為如下幾個方面：

1. 年度計畫。在多年計畫的基礎上，對每年所要達到的任務和目標進行規劃，注意別過早採取針對更長遠目標的措施，而應當在上一年的年終，最遲在今年年初，確定今後 12 個月較大的任務和目標。

2. 月度計畫。隨著計畫期限的縮短，計畫的精度和準確度相應增大。月度計畫更多的考慮細節任務，同時時間安排也以小時計。現實的安排月度計畫的前提是你知道還有多少可自由安排的時間。在你的時間表中，要考慮給那些額外的、不可預知的任務預留時間，以便輕裝上陣，從容的執行既定日程。

3. 每週計畫。每週任務安排的主要問題有：①我本週應把精力集中在什麼事情上（重點任務）？②什麼是本週最大且最花費時間的任務？③哪些

工作我本週必須完成或開始進行（硬性任務）？④為了應付例行事務，我該做些什麼（來函、來電、會談等等）？⑤哪些棘手的工作應該著手進行（可能面臨的任務）？⑥什麼是有用的、值得期望的或者是適當的？⑦有哪些未曾預見的事件可以事先進行安排？

4. 每日計畫。每日計畫是從每週計畫中衍生出來的，作為計畫的第一步，首先確定哪些任務和活動要在當日完成。每日計畫要求分步驟進行，把總任務細分成若干任務，以便把不同的活動落實到各個階段。下面以每日計畫為例，對系統的時間規畫的五個步驟逐一論述。

第一步：列出任務

在「每日計畫」表格的相應欄目中，填上你第二天想要和必須完成的任務。包括：活動清單、每週計畫或每月計畫列明的任務；前一日未完成的轉移任務；新下達的日常工作；需要應對的約會；週期性重複的任務。

第二步：估計需要的工作時間

在每個任務後面記下估計需要的完成時間，透過累計算出估計的總時間。當然剛開始要準確估計任務需要多長時間很難辦到，但經過多次實踐後，你可以把一個經驗值作為時間規畫依據。

第三步：保留彈性機動性時間（60／40規劃）

把時間規畫作為每日規劃的基本規則。安排工作任務的時間不要超過60%，要留出40%的機動時間來處理不期而至的事情。對於一個8小時的工作日而言，可規劃的時間約為5小時。

第四步：確定優先、刪減和委派

確立每件任務的優先次序（用 ABC 標出）；刪減一些不必要浪費的時間；委派指的是將工作委派給別人。

第五步：事後檢查 —— 將未完成的任務轉移

按照經驗，你不可能在一日之內完成所有想做的事情。因此，這些未能做完的事情就要推移到第二天。

時間規畫只是第一步，量為重要的還是時間管理。要在同樣的時間內爭取最大的收穫。比如參加商業活動，不同人的收穫往往不同。有人只是按程序參加活動本身，活動結束後就算完成了任務。而效率意識較強的人則會在活動期間充分結交朋友、洞察商機，有意識的變相推銷自己，在活動結束後，及時整理會議期間的有關資料，並進一步分析、推理，甚至有時還能得出至關重要的情報性結論。時間管理的重要性由此可見一斑。

工作能力不僅僅是技能的高低，也不僅僅是經驗的多少，更重要的是在工作之前你能否做好時間規畫。

如何製作一份工作計畫表

工作計畫是一個公司、一個團體或個人在一定時期內的工作打算。寫工作計畫要求簡明扼要、具體明確，用詞造句必須準確，不能含糊。

（1）工作計畫的格式

①計畫的名稱。包括訂立計畫公司或團體的名稱和計畫期限兩個要素，如「××學校2022年工作計畫」。

②計畫的具體要求。一般包括工作的目的和要求，工作的項目和指標，實施的步驟和措施等，也就是為什麼做、做什麼、怎麼做、做到什麼程度。

③最後寫訂立計畫的日期。

（2）工作計畫的內容。

工作計畫的內容。一般來說，包括：

1. 情況分析（制定計畫的根據）。制定計畫前，要分析研究工作現狀，充分了解下一步工作是在什麼基礎上進行的，是依據什麼來制定這個計畫的。

2. 工作任務和要求（做什麼）。根據需要與可能，規定出一定時期內所應完成的任務和應達到的工作指標。

3. 工作的方法、步驟和措施（怎樣做）。在明確了工作任務以後，還需要根據主客觀條件，確定工作的方法和步驟，採取必要的措施，以保證工作任務的完成。

（3）制訂好工作計畫須經過的步驟

1. 認真學習研究上級的有關指示辦法，領會精神，加強思考。

2. 認真分析本公司的具體情況，這是制訂計畫的根據和基礎。

3. 根據上級的指示精神和本公司的現實情況，確定工作方針、工作任務、

工作要求，再據此確定工作的具體辦法和措施，確定工作的具體步驟。環環緊扣，付諸實現。

4. 根據工作中可能出現的偏差、缺點、障礙、困難，確定預算克服的辦法和措施，以免發生問題時，工作陷於被動。

5. 根據工作任務的需要，組織並分配力量，明確分工。

6. 計畫草案制定後，應交全體人員討論。計畫是要靠群眾來完成的，只有正確反映群眾的要求，才能成為大家自覺為之奮鬥的目標。

7. 在實踐中進一步修訂、補充和完善計畫。計畫一經制定出來，並經正式透過或批准以後，就要堅決貫徹執行。在執行過程中，往往需要繼續加以補充、修訂，使其更加完善，切合實際。

（4）工作計畫表

對於一些表格性的東西，我們可能並不陌生，上學的時候我們會製作學習計畫表，得了病可能還會有一個飲食計畫安排。有了學習計畫表，學習才會更上一層樓；而把飲食安排得合理、科學才有助於疾病的痊癒。工作中同樣也需要這樣一份表格，工作計畫表會使事情從一開始就具有條理性，幫助控制你的工作內容與工作進度。

工作計畫表中必須包含你面臨的所有任務，可以充分展現出工作的輕重緩急，這份工作計畫表要全面、詳細的列出你需要做的工作，以及具體的工作之前的所有準備工作。此外，如果有必要的話，這個表格還應該包括一些長期的計畫安排。同時要時刻檢查，並隨時對工作計畫表進行修改。

在製作你的工作計畫表之前，首先要進行整理，對所有的工作內容進行

細緻的劃分。

如果一項工作你已經掌握了所有的工作內容，對工作目標非常清楚，那麼可以把這樣的工作歸為一類。

如果一項工作你並不能確定該如何完成，或者還需要作進一步的分析了解，那麼這樣的工作可以歸為另一類。

而如果一項工作已經出現了很大的問題，花掉了很多的時間，那麼這一類工作則應該在工作表中作重點的標記與提示。

而一些不必要的和無關緊要的工作則不要讓其出現在工作計畫表中，以免影響自己的主要工作。

如果一些工作比較複雜，那麼可以以圖示的方式進行分析。透過圖示可以直觀、明朗的顯示出完成單項工作的順序，所需要的時間與難易程度。而且計畫表中一些特殊的內容也要在圖示中表現出來，比如說有一項工作要在所有工作開始之前完成，就要做一個特別的圖示。這樣一個圖示，會使複雜的計畫表更清晰一些，也會更有利於計畫的執行。

計畫是對未來的一種預測與安排，然而「計畫沒有變化快」，人們對未來的把握能力畢竟是有限的。或許突然插入的一項工作就會將你的全盤計畫打亂。為了避免你的計畫被修改得「面目全非」，那麼計畫就要保持一定的靈活性和伸縮性。當環境因素及客觀條件發生改變時可以有一個調整安排和轉圜餘地。

你的工作計畫可以是滾動性的，也就是有一個漸進性，按照由遠及近，由粗而細的原則來制定。在計畫表上的第一階段的工作完成時，對計畫的執行情況與環境因素的變化進行及時的修改，在修改中使計畫進入下一個階

段，每一個階段的計畫都滾動著進行，這樣，一個靜態的工作計畫就可以變成一個動態的計畫，大大增加了工作的靈活性與彈性，並且，及時的修改，可以保證工作計畫的方向不會出現錯誤。

有時候外在因素對計畫的影響，不是簡單的表現在數量或進度的變動，它甚至會影響到整個計畫制定的初衷，從根本上改變了原定的計畫。這時需要做的不僅僅是工作的調整了。為了應對這樣一種情況，有必要有一個備用計畫。所謂的備用計畫，就是在制定計畫的最初階段，將可能會出現的各類情況進行匯總分析，然後根據應變的需要準備一些備用方案，並說明備用計畫的啟用條件。當條件發生變動時，先對變化進行評估，然後決定是否需要啟用備用計畫，啟用哪一個備用計畫。

其實備用計畫在各個領域的應用非常廣泛，如一項大型工程的拆除計畫，一次遇難人員營救計畫，或是一次軍事上的進攻，都要有幾套甚至是十幾套備用的方案計畫。

工作計畫表是在工作進行中不可或缺的實現工作目標的必要工具。製作一份切實有效的工作計畫表，對工作的幫助作用無疑是巨大的。

工作計畫也要講究方法

在具體的工作中，如果能夠有一個良好的工作計畫和工作方法，就能大大的提高工作效率。因此，我們在工作中，按照工作的要求要做好短期計畫、中期計畫、長期計畫，制定這些計畫方法如下：

（1）制定短期計畫的方法

短期計畫一般指從現在起的半年時間內的計畫。

制定短期計畫，需要有 3 個步驟。

1. 將需要在短時間內完成的工作確定下來。

2. 把所有工作都排列起來，重要的排在前面，次要的排在後面。

3. 把各項工作安排到每日的日程表中去。

一張小小的桌曆可以讓你的排程井井有條。你可以將每一天的重要的事情寫在日曆上，比如：你需要與客戶相約時間，你可以將它寫到日曆上。這樣可以提示自己去執行，不至於忘記。

每月日曆對一位時間管理者來說應當是最有幫助的。因為它可以為你提供一次近期工作的展望，有利於你掌握工作的進展情況。你還可以很精確的看到你正在做哪件事，可以在一段合理的時間內擴大工作量，也可以避免工作量過大。

有一位時間管理者談到他使用日曆的體會時，這樣說道：「今年我的最大突破之一就是我決定隨身攜帶一個日曆，我用的是那種牆上掛著的普通日曆，但它可以對折，放入我的包包裡。那種只有一週日期的日曆，對我不起作用，我需要立即看到整個月的日期，給我有個整體概念。」

選擇哪種日曆並不是最主要的，重要的是都要經常翻翻日曆，特別是在星期天晚上回顧一下一週內所做的事情，然後看看下週的排程。翻閱日曆的時間，也是你回頭看看自己目標、檢查一下自己是否走了彎路的最佳時刻。

時間管理者在每天晚上或早晨做一個簡單的回顧也是很有必要的。在筆記本上寫下你已完成的事情，以及第二天要做的事情。查看一下你每週或每

月日曆以及每天的日程事務安排表，看看日程表中的事情是否已經完成。如果完成得好，可以給自己一點獎勵。如果沒有完成，那麼就要想辦法盡快補償回來，並要給自己一點懲罰。

（2）制定中期計畫的方法

中期計畫是半年到一年時間內的計畫。

無論是在你的生活中還是在你的工作中，中期計畫無疑都有著很重要的作用。

中期計畫的時間和內容總是在變化的，對於不同的時間管理者來說，中期計畫可能是三四個月的時間，也可能是一兩年的時間；而對一個大公司或一個國際集團公司來說，它可能會長得多，但它總是長期計畫的一個組成部分。

要制定一個合適的中期計畫就要將眼光放遠一點，構想一下自己或公司在兩年內可能發生的變化，根據預定的目標，逐項進行安排。

比如：時間管理者打算在兩年內將公司的利潤提高到現在的兩倍。那麼根據這一目標，將目標細緻化為各項小的目標。而又將每一個小的目標結合到具體的排程中去。使中期目標具體到多個短期目標，完成一個短期目標，也就是向中期目標邁進了一步。

畢竟，中期計畫是由相對較長的日常工作組成的，比較機械化，沒什麼靈活性，提不起人們的精神來。所以，在時間管理中常常被忽視。事實上，它們是非常需要花大量時間去考慮的。因而，在下次計畫前，時間管理者一定要找出既定的和重複出現的活動，把它們一一列舉出來，擺在目的、目標和任務的面前對照一下，看看它們到底有多重要。使用這種方法可以輕而易

舉發現那些花費時間不當的日常行為，以便你及時調整自己的工作規律。

(3) 制定長期計畫的方法

長期計畫一般是指 1 年時間以上的計畫。

長期計畫的時間跨度更大，它是時間管理者的一個遠期目標。長期計畫的實行依賴於短期計畫和中期計畫。

長期計畫是時間管理者在長期的時間內都要遵循的一個計畫，完成了這個計畫，對時間管理者來說，也就完成了其工作的目標，實現了工作的夢想。所以，完成計畫所需的時間越長，那麼目標相應也就越大，也就越能吸引時間管理者，令時間管理者心動。

許多成功的時間管理者在計畫開始時，都是因為懷有美好的、激動人心的目標，才開始他們的工作的。

例如：美國通用汽車公司在最初成立時，只有 2,000 美元的註冊資金。公司的創始人比利・杜蘭特在創業之初就給自己確立了一個目標，那就是要成為汽車工業的老大，獨立成立若干汽車企業，再用聯合的方式控制整個汽車工業。經過幾十年的努力，杜蘭特終於實現了這一夢想（長期計畫）。

長期計畫的制定是以短期計畫和中期計畫為基礎，合理安排好時間，分期完成計畫。同時，用短期計畫帶動中期計畫，中期計畫又帶動長期計畫。

長期計畫的完成、目標的實現，是激動人心的。但是，這一切都需要時間管理者長期的堅持，付出不懈的努力。任何中途退縮都不可能有長期計畫的完成和夢想的實現。

按工作要求做好短期計畫、中期計畫、長期計畫，讓你工作起來有步

驟、有秩序的進行。

制定計畫必須考慮的六個要素

如果你想制定計畫，準備把自己的時間安排得更好，下面這 6 點會對你有幫助：

(1) 計畫不能超過你的實際能力

制定計畫切記不要超過你實際能力的範圍，而且內容一定要詳盡具體。打比方說，如果你想學習英語，那麼你不妨制定這樣一個學習計畫：安排星期一、星期三和星期五下午 4 點 30 分開始聽 30 分鐘的英語 CD 或 MP3，星期二和星期四學習語法。這樣一來，你每個星期都能有所進步，一步步接近你當初制定的目標。

(2) 確定期限

讓別人知道你正處於時間限制的壓力之下，好讓他們無法再來打擾，分你的心，保證自己能在規定的期限內實現方案上的目標。

做事沒有步驟，想到哪做到哪，過一天算一天，這樣只能虛度時光，再好的計畫也絕不會有所成就。如果你想得到一份新的工作，就應該給自己定下 30 天內必須找到新工作的期限，並且立即就開始行動；做好必要的調查，寄出個人履歷表，約定面試的時間，腳踏實地的邁向你的目標。

(3) 每天按計畫去做事

這是一件很簡單的事情，比如說你需要積蓄 5,000 元，那麼每天存下 20 元的零用錢，8 個月後，你便可以達到積蓄 5,000 元的目標。

同樣，每天拿出一點點時間來檢查你第二天的計畫，每個星期拿出一點點時間來檢查下個星期的計畫，至少提前一個星期把該計畫的事都計畫好。

(4) 利用最有效率的時刻

做計畫時，應該把你一天中頭腦最清醒、精力最充沛的時間安排來做最重要的事情，使順序上列在最前面的事情始終成為你計畫的核心。

(5) 為重要的事留出整塊時間

如果你不預先計畫出這一段時間，你就難免要擠一些零碎的時間來處理這些重要的事情。結果可想而知，由於時間限制，你不得不做做停停，無法按時把這些事做完，甚至根本無法完成。

(6) 負責任的制定計畫

制定計畫要負責任，有效的管理好自己的時間，安排好自己的時間，並把它們用在最有意義的事情上。

做計畫也要講方法。

累積專業知識，也要有計畫

　　為了更好的工作，我們要不斷的學習專業知識來提高自己的業務素養，累積專業知識也要有計劃性。一個什麼都想學，什麼都想累積的人，最後什麼都學了一點，往往什麼都學不精。

　　福特少年時，曾在一家機械商店裡當店員，週薪只有 2 美元多一點。他自幼好學，尤其對機械方面的書籍更是著迷。因此他每星期都花 2 塊多來買書，孜孜不倦的研讀，從未間斷。

　　當他和布蘭都小姐結婚時，僅僅一大堆五花八門的機械雜誌和書籍，其他值錢的東西則一無所有；但他已擁有了比金錢更寶貴、更有價值的機械知識。

　　幾年後，福特的父親給他二百多平方公尺的土地和一棟房屋。如果他未研讀機械方面的雜誌書籍，終其一生，也許只是一個平平凡凡的農夫而已。但「水向低處流，人往高處走，」已具有豐富機械知識、胸懷大志的福特，卻朝向他嚮往已久的機械世界邁進。此時，從書本上得來的知識，便助他開創出一番大事業。

　　功成名就之後，福特曾說道：「積蓄金錢雖好，但對年輕人而言，學得將來經營所必需的知識與技能，遠比存錢來得重要。」「年輕的朋友！先把錢投資於有益的書籍吧！從書上可學到更大的能力；至於儲蓄，有了充分的能力致富後，開始存錢還來得及。」

　　「書到用時方恨少。」知識的累積只有達到一定的數量，才能發揮應有的功能。

　　在知識的累積中，最重要的是要有目標。有引標的累積最有效。這是因

為：有了目標，才談得上有計畫。目標不清楚，無從制定計畫，也做不成任何一件事。

有了目標，才能明確「積」什麼，「累」什麼。缺乏內在聯繫的知識，或雖有聯繫但彼此相隔太遠的知識，累積得再多，也難以發揮作用。

有了目標，才可能判斷知識的相對價值。知識都具有或大或小的價值。但是對於不同的立志成才者來說，它們的價值又具有相對性，並不一樣。語言對於學習歷史、哲學、文學的人價值很大，可是對學現代物理的人價值就小多了。因此，應根據自己的需要，選擇最有用的知識。可見，只有明確目標，才能在較短的時間內掌握較多的知識。

累積知識，還要注意一定階段內求知的限度。一個什麼都想學，什麼都想累積的人，最後什麼都學了一點，往往什麼都學不成。

一位教育學家指出：「你的周圍有一個浩瀚的書刊的海洋，要非常嚴格慎重的選擇閱讀的書籍和雜誌。喜歡鑽研和求知欲旺盛的人總是想博覽一切，然而這是做不到的。要善於限制閱讀範圍，要從中排除那些可能會破壞學習制度的書刊。」

講求知的「限度」，為的是建設好一個人知識結構的框架，並不是說其餘一概不看，一概不讀。累積知識，並不是為了堆集材料，而是為了組成一定的結構，發揮知識的功能。這就要考慮知識的整體效應。

那麼，作為精神世界的結構 —— 知識結構，應該怎樣強化它的整體效應呢？

1. 突出知識結構的特色。所謂知識結構的特色，主要是由其核心決定的。

在知識結構之中，核心決定結構的性質與功能。這個核心的構成是複合

的，不是單一的；但是一般都有一門、兩門知識占有較大的比重。比如：物理學人才知識結構核心多是由物理學、數學組成。

2. 要使知識系統化。系統化就是按照科學的內在聯繫組織知識，使之能在課題面前有效的解決問題。達爾文認為「科學就是整理事實，以便從中得出普遍的規律或結論。」別林斯基也認為：「只要一涉及到科學，那麼主要的事就是講究有系統、有秩序。」知識系統化，不僅是發揮其功能的前提，也是科學本身的重要特徵。

3. 要注意知識間的相互聯繫。注意知識間的相互作用，實質是掌握知識間的融會貫通，不要把任何一門知識或一門知識的某一部分凝固化。同時，要從整體結構上去把握知識之間的縱橫聯繫，使自己的知識熔於一爐。比如：地理學與歷史學之間也有緊密的聯繫，歷史事件的發生總是不能脫離一定的空間、時間的。學好地理有利於學好歷史，學好歷史，也可以促進學好地理。

4. 實行靈活的求知動態調整。合理、高效的知識結構不是一成不變的，而是動態發展的。時代在不斷的發展變化，人的認識要想不落伍，就得不斷調整，才能與之相適應。

調整的基礎有兩個，一為回饋，一為預測。回饋是適應性的，預測是主動性的，二者都不可忽視。例如愛因斯坦，在他讀大學的時候並沒有認識到數學在他研究物理學中的重要地位，上數學課常讓同學代他做筆記。可是，到後來攻占相對論高地的時候，沒有數學工具 —— 黎曼幾何、能量分析幾乎寸步難行。資訊傳來，他馬上進行補充數學知識的長征，經過幾年的努力，他終於駕馭了數學工具，完成攻克相對論理論高地的目標。

調整是為了提高知識結構的完美性，但是世界上並沒有一種至善至美的

結構。追求知識結構的完美無缺，並不是我們的目的。要緊的是，使自己的知識結構具有攻克成才目標的功能。

　　一個什麼都想學，什麼都想累積的人，最後往往什麼都學不成。因此累積知識也要有計畫，還要注意一定階段內求知的限度。

職業生涯也要有計畫

　　蘇格拉底曾說：「認識你自己。」羅馬皇帝、哲學家奧里歐斯說：「做你自己。」莎士比亞也說：「做真實的你。」充分、正確、深刻的認識自身能力、個性及相關環境，以此作為設定職業生涯目標及策略的基礎。

　　職業生涯計畫設計基本上可分為以下幾個步驟：

（1）能力摸底

　　了解職業要求的能力，可以參考各企業對人才素養的要求。一般大公司對管理人員能力的要求有：書面表達能力、口頭表達能力、分析問題能力、解決問題能力、領導能力、人際社交能力、決策能力、創造力和創造精神、應變能力、組織與計畫能力、敢冒風險能力等。

　　了解自己的能力傾向可以透過以下兩種方式：

　　第一，能力測驗：可以借助一些權威的測驗量表對自己的職業能力傾向做一個比較可觀的鑒定。

　　第二，活動分析：即從實際工作、生活經歷來判斷自己的實際能力。也可以請家人或朋友對你實際能力的優勢與不足做一個評價。

（2）個性評價

可以透過心理測驗、他人評價、經驗總結和專家諮詢 4 個管道來評價自己的個性。

（3）職業定位

在職業定位中最關鍵的是要制訂實現職業目標的行動計畫。職業定位中的目標確定，可以成為追求成就的推動力，有助於排除不必要的猶豫，一心一意致力於職業目標的實現。

根據自己的能力和個性列出適合從事的多種職業，再把每一種職業的具體工作列出來，按「喜歡」與「不喜歡」將表分兩類，仔細審視「喜歡」表，評定自己感興趣且在能力範圍內的職業是什麼。

關於職業定位，有專家認為可以分為以下 5 類：

第一類，技術型

持有這類職業定位的人出於自身個性與愛好考慮，往往並不願意從事管理工作，而是願意在自己所處的專業技術領域發展。有些公司將技術頂尖的科技人員提拔到領導職位，但他們本人往往並不喜歡這個工作，更希望能繼續研究自己的專業。

第二類，管理型

這類人有強烈的願望去做管理人員，同時經驗也告訴他們自己有能力達到高層領導職位，因此他們將職業目標定為有相當大職責的管理職位。成為高層經理需要的能力，包括分析能力、人際能力和情緒控制力三方面。

第三類，創造型

這類人需要建立完全屬於自己的東西，或是以自己名字命名的產品或工藝，或是自己的公司，或是能反映個人成就的私人財產。他們認為只有這些實實在在的事物才能展現自己的才幹。

第四類，自由獨立型

有些人更喜歡獨來獨往，不願像在大公司裡那樣彼此依賴，很多有這種職業定位的人同時也有相當高的技術型職業定位，但是他們不同於那些簡單技術型定位的人，他們並不願意在組織中發展，而是寧願做一名諮詢人員，或是獨立從業，或是與他人合夥開業。其他自由獨立型的人往往會成為自由撰稿人，或是開一家小的零售店。

第五類，安全型

有些人最關心的是職業的長期穩定性與安全性，他們為了安定的工作、可觀的收入、優越的福利與養老制度等付出努力。

（4）設計方案

根據「清單分類」得出的結果，針對每一種職業設計一套科學的工作方案，方案中要定出工作目標和希望的職位，描述本行業發展前景，所需要的人際環境、工作的具體程序（越具體可操作性越強）。方案訂出後，拿給相應行業的朋友閱讀，得到較高評價的方案是你進一步選擇的依據，你可以重新思考自己的職業生涯，設定切實可行的目標。

（5）職業評估

評估可透過擇業策略來回饋，更可以作為下一輪職業生涯設計的主要參考依據。成功的職業生涯設計，需要時時審視內在外在環境的變化，並且及時調整自己的前進步伐，修正目標，才能成功。

選擇能真正鼓舞你的理想職業

《聖經》中說：「找到了適合自己的工作的人是有福的。」特別是對現代人來說，競爭更加激烈，找到一份普通工作已非易事，找到一份適合自己的工作就更加困難。因此，這句話更帶有真理性，並且更耐人尋味。但是，人就是這麼一種奇怪的東西，在幾乎所有民族中，在幾乎每一個年齡層，你總會發現，總是有一些人對自己的職業、對自己的工作表示不滿和抱怨。

對於有的人來說，不管他們所從事的是腦力勞動，還是體力勞動，他們都不喜歡。因為他們是一些喜歡遊手好閒、好吃懶做的人。對一個不喜歡工作和勞動的人，你能指望他做出什麼呢？除了失敗和平庸，他們一生之中是不會做出什麼成績、創造什麼事業的。懶惰乃是萬惡之源，一定要牢記：一日勞作，可獲一日安眠；終生勞作，可獲一生幸福。

然而，在現實生活中，許多人沒有取得成功，並不是因為他們懶惰，並不是因為他們好逸惡勞，而是因為他們在開始生活的時候，邁出了錯誤的一步，選擇了錯誤的職業。人們通常把這種情況稱之為對某一工作「不合適」或者說「不能勝任」。

因此，我們應當認真考慮：所選擇的職業是不是真正使我們受到鼓舞？我們的內心是不是同意？

在求職擇業的時候，進行比較長遠的考慮也是非常必要的。

對現在的你來說，10 年後是個遙遠的未來。但是，何不試著預測一下
10 年後的你會如何呢？

　　10 年後你會從事什麼樣的工作？是否幸福、滿足呢？一旦考慮到這些
長期性的問題，就必須列出一串對你而言具有魅力的職業清單。接著，還要
把幾項主要因素考慮進去，然後了解這些職業的狀態，有什麼樣的特徵。例
如：會不會像海洋生物學者和考古學者一般，就業機會很少？有無地理上的
限制？地質學者為了要找尋新的礦床，必須長期離開家庭，那樣的條件和你
理想中的家庭生活協調嗎？如果你沒有特別感興趣的職業領域，建議你選擇
工作機會不受地區限制的職業。這樣，即使搬去別的地方，學到的技藝還是
伴隨著你。大多數的醫生都體驗到移民到外國是很困難的事，因為醫生的教
育有很嚴格的規定，並且幾乎所有的其他國家都不相同。

　　求職擇業也要有規劃。

計畫好，還需執行好

　　在傑夫・大衛森的《實現目標》一書中有這樣一段話：「計畫是重要的，
精心企劃是重要的，預想未來也是重要的，而付諸行動卻是關鍵的。」懂得
自我管理，就能更好的將計畫付諸行動。

　　關於自我管理，作家傑克森・布朗曾經有過這樣一個有趣的比喻：「缺少
了自我管理的才華，就好像穿上溜冰鞋的八爪魚，眼看動作不斷，可是卻搞
不清楚到底是往前、往後，還是原地打轉。」

　　一個人的自我管理能力如何，將會影響到他的工作業績。也可以這

樣說，一個人的工作完成得好壞，取得的業績，是由他的自我管理能力決定的。

　　一個懂得自我管理的人，可以這樣安排自己的工作。

　　首先，在每週的開始列出本週的計畫。計畫的內容就是本週準備做哪些事情，除非是外界有嚴格時間限制的任務，否則，週計畫無須設定每項任務擬訂的完成時間，也沒有必要詳細去說明任務的內容。你只需要一些提示，讓你不會忘記本週要做的工作。

　　每天早上（或前一天晚上）列出時間表，從週計畫中選擇出當天想做的事，並安排具體時間去完成。列出所有需要打的電話和每個電話的內容。這張時間表應該隨時在你身邊，一抬眼就能看到，它像一個忠實的助手，隨時告訴你下一步工作的內容。

　　最後，定時進行工作計畫的總結。很多人把工作總結想得很複雜，彷彿需要把所有已完成的任務的完成情況，和沒有完成的任務的未完成原因都詳詳細細的書寫出來。這是一個很大的誤解。其實，工作總結隨時都在進行，方法很簡單：用筆把你做完的事從週計畫和日時間表中重重的劃去。另一種總結是把當日或當週沒有完成的工作抄寫到下一日或下一週的計畫中去。

　　當我們意識到自我管理的重要性時，並在工作中加以實現，那麼你會發現，你的生活習慣與工作習慣都因此得到了一定的提高。無論做什麼事，都會有條理可循，在同事與上司眼中，你是一個嚴格要求自己的優秀員工，是一個可以讓人放心和懂事的人。所以，你的上級會放心的把重要的工作交由你去完成；你的同事會喜歡與你共同工作，並會主動與你交往。你的能力在完成交代的任務的過程中得到了鍛鍊與提高，為你贏得了晉升與加薪的機會；你的人際網路在同事與你的工作過程中得到了擴大，這可能會為你帶來許多

意想不到的成功機遇。

　計畫好還要執行好。

第四章　工作有計畫，才能秩序化

第五章

好方法，讓你工作很輕鬆

面對工作，你是不是無所適從？面對工作，你是不是很努力，也很敬業，卻總是沒有好的業績？面對工作，你是不是終日忙得像陀螺一樣，也總是不能準時的完成任務？……其實，答案很簡單，就是你缺乏一套行之有效、切實可行的科學的工作方法。

有方法就省力

做任何事情都有許多種方法，只有找到最科學的方法和策略，才會讓你做到既輕鬆又省力。

讓我們讀一則故事：

古希臘著名的科學家阿基米德曾提出了槓桿原理，他曾說出過一句驚世駭俗的話：「給我一個支點，我可以撬動地球。」他的這句話惹惱了當時的統治者西洛國王，於是國王決定出一個難題考考這個「無法無天」的狂妄傢伙。如果阿基米德無法通過這個考驗，國王就會將他處死，讓他永遠閉嘴。

當時在毛里裘斯港口的水手們想把一艘大船弄到岸上去，可是他們不知道如何才能做到。於是，國王就令阿基米德去完成這個任務。這項工作並沒有難倒阿基米德，他巧妙的在岸上安排了一排排的滑輪與齒輪，借力使力，輕輕鬆鬆的將大船推到了岸上。

我們每天的工作，其實就是解決問題，實現目標的過程。在這個過程中，選擇好的方法至關重要。因為在正確的方法指導下，我們能以最少的時間、最少的精力、最少的資源完成工作、達到目標。

一旦方法對路，一個人的工作效率就會凸顯出來，其工作能力也會得到大家的認同。可是許多人在工作中並不懂得這個道理，他們可能並不缺少工作的熱情，也絕對的敬業，但工作成效卻差別很大。

這是因為他們在工作開始時並沒有仔細的思考過，或者說是盲目的開始了工作。這一點在具體的工作中會表現得極其明顯。有的員工做事盲目無頭緒，只注重整體的效果，缺少對個體的把握，儘管從表面看來，他們很努力很忙碌，在加班的行列裡幾乎天天都能看到他們的身影，儘管他們踏實肯做

的態度讓人敬佩，但這些卻很難挽救低劣的工作成果與業績。

這裡有一個實例。

一位在知名的證券公司工作的年輕人，畢業於國外的一所金融學院，有著別人羨慕的教育經歷，人生的天平似乎早早的傾斜在他這一邊，他也是公司公認的勤奮員工，但是三年過去了，他仍然只是一名普通的職員。

每一次經理發布一項任務時，這位年輕人都會以百分之百的熱情投入工作，他會找到所有需要的資料進行分析，然後進行大量的統計工作。每天他都在不停的作著統計與分析，每當遇到一項複雜的資料時，他非要弄個明白不可。這種鑽研的精神是難能可貴的，可是效果如何呢？他似乎陷入了一種「分析陷阱」，不能自拔。隨著時間一天天的過去，他並沒有拿出一個切實可行的辦法。

工作不同於學術研究，嚴謹篤實的作風固然沒錯，但探究「為什麼」遠不如「什麼對目前的工作有益」更重要。

我們還常見到的是，一些人在某一工作上已經形成了固有的工作方法，當再從事一項性質不同的工作時，會不自覺的把他所熟悉的工作方法沿用過來，結果卻是累得很但也沒有好的業績。

這種現象在許多企業中時有發生。工作無方法或是以錯誤的方法工作，都直接導致了工作效率的低下。雖然消耗了大量精力，也花去了大把的時間，卻沒有獲得好的工作業績。

我們知道，看一個人的工作業績是否優異，無外乎看此人的工作效率與做事效能。而講有效，方法得當是個必要的前提。可以說，沒有方法，或是方法錯誤，都難以在工作上有所作為，難以成為企業中不可或缺的人才。

　　無論是在日常的工作當中，還是在接受一個專案之時，方法都是非常重要的。在美國的企業中流行這樣一句話：「上帝不會獎勵努力工作的人，只會獎勵找對方法工作的人。」這反映出美國企業對工作方法的重視程度。

　　有一句話叫「方法永遠比問題多」，問題與方法是共存的。在今天這樣一個處處以業績說話，以業績說明能力的時代裡，對每個人而言，能夠找到方法、找對方法已成為個人職業生涯中一項最重要的技能。

　　方法會讓你不怎麼努力，也能做出高業績。

工作也要講究章法

　　俗話說「沒有規矩不成方圓」，做工作也一樣，也有一定的章法，也有一定的規則。儘管這個道理每一個人都知道，但是在具體的工作執行中，許多人的做事往往就是缺乏章法，也就是缺乏規劃。這樣做的結果是，增加了工作的隨意性，使工作無章可循，出現了混亂，一事無成。

　　有這樣一個故事：

　　一天早晨，農夫對妻子說：「難得今天的天氣這麼好，在天黑之前我一定要把那些田耕完了。」

　　當他到牛棚準備牽牛耕田時，卻發現牛的身上很髒，招來很多蒼蠅，於是他把犁放下，牽著牛到水塘邊讓牛洗澡。為了把牛洗得更乾淨，農夫打算回家拿個水桶再來，就先把牛留在了水塘，回家取水桶。在經過豬圈時，突然想到那三四頭豬還沒有餵食，於是，決定煮點馬鈴薯餵豬。在地窖裡，他發現了那些馬鈴薯正在發芽，為什麼不趁這個好時令把它們種到菜園裡呢？

可是還沒有走到園子裡，路上就有一根大木棒絆了他一跤，於是，他決定把這個大木棒鋸成段，放在壁爐裡當柴火。當他回來準備拿鋸子的時候，聽見有人敲門。

農夫打開門，他怒氣衝衝的鄰居雙手插腰，指著他的鼻子罵道：「你的牛跑到我家的莊稼地裡去了，種的菜都被牠弄壞了，你看看……」農夫向後一望，那頭牛依然是汙泥滿身。

正在這個時候，妻子也在院子裡嚷嚷：「豬都跑出來了……是你把豬圈打開的嗎？」農夫看了看天，早上明媚的陽光變成了淡淡的餘暉，可是牛身上還是髒兮兮的，豬也沒有餵，馬鈴薯也沒有煮，地也沒有種，木柴也沒有鋸，一天忙到晚，結果什麼事也沒做成。

農夫的故事也許有些誇大，但是在實際的工作中，我們也經常發生類似的情況。因此，為了避免這種混亂的工作狀態，我們在確定工作目標之後，要學會思考：需要馬上做的是什麼？最重要的是什麼？次要的又是什麼？

在進行具體的工作安排的時候，我們不妨為自己制定一個規則，這個規則應該可以是：

1. 我的工作是要完成什麼？

2. 我的工作需要做哪些準備工作？

3. 是否具備必要的條件？

4. 在工作進度上如何安排更合理一些？

5. 在這項工作中我的主要職責是什麼？

6. 在某個階段應該達到什麼樣的效果？

方法是有章可循，有規律可循的。章法就是方法的規律，沒有章法，自

然無方法可循。如果沒有這樣規則支撐，我們的工作怎麼會取得成功？即使取得成功，也會走很多的彎路。

工作是有章可循的，找對方法就會少走彎路，讓你工作起來很輕鬆。

低頭做事，也要抬頭想事

在工作中，很多人總是把工作想像得過重，或是要求過高，在這種無形的壓力下，他們只知低頭做事，不知去思考其方法，而終日忙忙碌碌，結果卻收效甚微。

要知道，我們工作效率低往往並不是因為方法出了錯，而是由於我們在匆忙混亂的工作之中缺乏思考而導致方法得不到正確的實施，於是形成了無頭無緒。可以說，保證方法不出錯的基本前提之一就是工作之前要思考。

智慧的力量展現在能進行正確的思考，那些職場的成功者善於用自己的腦子，把思考的力量發揮得淋漓盡致。思考的習慣是決定著工作有無成就的關鍵，要想把工作做得更好就要把思考的時間留出來。

在職場上，有些職員他們工作很熱情，工作也很勤快，但是他們缺少的是思考。在他們的內心裡，急於快速擺脫因工作壓力帶來的痛苦與緊張，他們缺乏對主客觀條件的正確考慮，做事又草率。在強大的工作壓力下，他們的生活節奏變得越來越快，做事也是匆匆忙忙的，往往容易幾件事一起做，而結果恰恰又是什麼事都沒有做好。

古人云：「凡事預則立，不預則廢。」在從事一份工作或是接受一項任務時，一定要先搞清楚、弄明白。只有在對工作有充分的了解後，再去思考如

何按步驟去完成工作，有了高效的工作安排，才會高效的完成任務。

　　某公司研發出一種新產品，正在準備上市，小王是該公司的一名行銷人員，在新產品上市之初，主要的任務就是開拓市場和尋找合適的經銷商，這就是他的工作任務。那麼小王如何能出色的完成任務呢？這裡邊就有一個方法問題。但是在開始之時，面對一個陌生的新產品市場，在開始一份市場銷售工作時，是馬上開始走街串巷盲目的尋找經銷商，還是先透過市場調查，制定一份拜訪專業經銷商的計畫與合理路線呢？

　　要知道，在每一個都市中都可能存在著成百上千的經銷商，如果小王盲目的拜訪他們中的一些，那麼可能有很大一部分根本就不適合來經營此項新產品，或是他們想經銷卻又發現他們無法滿足條件。在這個過程中，儘管小王的願望是盡快完成工作，但往往會事與願違，在匆忙的工作之中，浪費時間而成效甚微。

　　這時候，小王需要做的並不是急於拜訪他們。此時應該做的是對其中有經銷意向、有經營實力、有經濟基礎的部分經銷商進行重點拜訪，在與這部分經銷商的談判與溝通上，小王只有不急於求成，更不可率性而為、意氣用事，多花些時間在他們身上是絕對值得的。同時，為了不放棄那些可以培養的潛在經銷商，對經營相關產品的小型經銷商，也需要給他們投遞一些招商資料和產品資訊。針對不同經銷商，合理的安排時間，工作起來也會得心應手。

　　正如一位行銷大師曾說過：「在開始一天的工作，或是開始一份新的工作任務之始，制定一個合理的工作安排，這個過程可能只會花上你五分鐘的時間，但是達到的效果卻是非常顯著和有效的。」

　　因此，我們不管從事什麼工作，事先的調查與分析對於實現工作目標，

找到最佳的解決方案都是有益的。如果我們總是把鐘錶撥快一小時，那麼工作就會亂套，費力不討好。

但是，不匆忙並不表示拖延，懂得工作方法的人總是有條不紊，不慌不忙，沒有積壓，更不會主動拖延。有些人以為做事不匆忙是一件容易的事，每次做事時注意一點，慢下來不就可以了嗎？但事實絕不這麼簡單！你會發現，一個凡事都匆匆忙忙的人做所有的事情都是冒冒失失的，他們過於相信自己的直覺，極易受情緒的支配。儘管他們在工作的一開始抱著好好做的願望，但是還沒有想好就馬上去做，出了問題有了偏差也不去調整。因為趕時間而沒有把事情做好的人，事後往往要花更多的時間來做開始時沒做好的事情。這往往導致工作效率的低下，幾個工作日過去了也沒有很好的完成工作任務。

工作前一定要放慢你的手腳，讓你的腦子先動起來，去尋找最佳的工作方法，再動手開展工作。

制定工作日程表

時間管理權威指出：如果能把自己的工作內容清楚的寫出來的話，便是很好的進行了自我管理，就會使工作條理化，因而使個人的能力獲得很大的提高。

為了使工作條理化，不僅要明確你的工作是什麼，還要明確每年、每季、每月、每週、每日的工作及工作進度，並透過有條理的連續工作，來保證按正常速度執行任務。在這裡，為日常工作和下一步進行的專案編出目錄，不但是一種有效的時間節約措施，也是提醒人們記住某些事情的手段，

特別是制定一個好的工作日程表就更加重要了。工作日程表與計畫不同，在於計畫是指對工作的長期打算，而日程表是指怎樣處理現在的問題。比如今天的工作、明天的工作，也就是所謂的逐日的計畫。許多人抱怨工作太多、太雜、太亂，實際上是由於他們不善於制定日程表，不善於安排好日常的工作。

制定工作日程表應遵守以下原則：

1. 以重要活動為中心制定一天工作日程。有些工作是關鍵的或者說是帶策略意義的重要活動，應以這樣的重要工作為中心。

2. 以當天必須首先要做的那件工作為中心制定一天工作日程。不可能有這種情況，剛開始做，一下子就做完了全部工作，所以要挑出那些在一天內必須做完，一旦受干擾中斷就不太好做的工作。

3. 把有聯繫的工作歸納在一起做。種種瑣事歸納到一起，會使工作有節奏和氣勢。例如：有些信件，可以歸總起來一次寫完；盡量的約好時間，盡可能集中的依次會見來訪者；必須閱讀的材料，集中到一起很快的過一下目等等。

由於人們每天需要做的事情很多，事情又有輕重、急緩之分，大小之別，難免有時顧此失彼。所以在有了工作日程表以後，最好隨身攜帶筆記本和備忘錄用紙，這樣你不但明確了當天的工作，也明確了此時此刻應該做什麼。

除隨身攜帶筆記本外，使用卡片也是一個好辦法。可以把卡片放在衣袋裡、辦公桌上、家裡的書桌、餐桌上、電話機旁、床邊等必不可少的地方，時時提醒自己。

在工作中，有時突然頭腦中冒出一個新穎的想法，或者想起了什麼必須做的事，如果這些想法與目前正在做的事有關聯，那可以照著去做。如果它並不是要立即去做，今後做會更合適，那就把它記在備忘錄上；對那些有意義的設想，可以利用星期天、節假日仔細研究，並加以歸納整理。這樣，本來不太明確的事也明確了，你的工作和應辦的事就更有條理。

作家雨果說過：「有些人每天早上預定好一天的工作，然後照此實行，他們是有效的利用時間的人。而那些平時毫無計畫，遇事慌忙出主意過日子的人，只有混亂二字。」

工作也需要合理組織

工作目的、工作任務明確後，能不能很好的實現，就在於進行合理的組織工作。一位管理者深有體會的說：「總經理的最大困難之一是組織自己的時間。」

組織工作首先要做好選擇、區分的工作，剔除那些完全沒有什麼價值或者只有很小意義的工作，接著再排除那些雖然有價值但由別人做更合適的工作，最後再剔除那些你認為以後再做也不要緊的工作。

對於那些必須目前就做的工作，也要很好的進行組織。組織工作的方法有如下幾條，既可以單獨使用其中的一條，也可以互相配合使用。

1. 綜合，即在同一時間內綜合進行多項工作。我們說，做事要有順序，並不是說同一時間內只能辦一件事，而是運用系統論、運籌學等原理，可以同時綜合進行幾項工作。在管理學中，把工作單方向一件一件依次

進行的辦法，叫做垂直型工作。就像站著一大排人，一個一個的傳遞磚頭，這樣做效率比較低。反之，如果把各項工作綜合起來統一安排，效率就會大大提高。

2. 結合，即把若干步驟結合起來。例如有兩項或幾項工作，它們既互不相同，又有類似之處，互有聯繫，實際上又是服務於同一目的地，因而可以把這兩項或幾項工作結合為一，利用其相同或相關的特點，一起研究解決。這樣自然就能夠省去重複勞動的時間。

3. 重新排列，即改變步驟的順序。也就是要考慮做工作時採取什麼樣的順序最合理，要善於打破自然的時間順序，採取電影導演的「分切」、「組合」式手法，重新進行排列。例如一天工作下來很疲乏，晚上又要上夜校，那麼就應該把休息時間提前，從床上移到其他地方，如在搭捷運或公車時趁機閉目養神，可保證晚上精力充沛。假如你是一個業餘作者，白天不容你靜下來構思作品，晚上又難以入睡，不妨在此時讓思緒遨遊一番。

4. 變更，即改變工作方法。改變工作的手法大體有兩種，一種是「分析改善方式」，即對現行的手段方法認真仔細的加以分析，從中找出存在的問題，即找出那些不合理和無效的部分，加以改進，使之與實現目標要求相適應。一種是「獨創改善方式」，即不受現行的手段、方法的局限，在明確的目的基礎上，提出實現目的的各種設想，從中選擇最佳的手段和方法。

5. 穿插，盡可能把不同性質的工作內容互相穿插，避免打疲勞戰，如寫報告需要幾個小時，中間可以找人談談別的事情，讓大腦休息一下。又如上午在辦公室開會，下午到群眾中去搞調查研究等等。

6. 代替，即把某種要素換成其他要素。如能打電話的就不寫信，需要寫信的改為寫便條，需要每週出訪的改為隔週一次，在不出訪的那一週裡，可用電話來代替出訪。

7. 標準化，即用相同的方法來安排那些必須時常進行的工作。比如：記錄時使用通用的記號，這樣一來就簡單了。對於經常性的詢問，事先可準備好標準答覆。

工作不但是做出來的，更是組織出來的。

打破常規，創新工作法

員工對待工作盡職盡責、負責到底、精益求精、追求完美，這些都不只是隨口說說而已的，更需要落實到創新的工作方法中去，才能轉化為工作成果，為公司和企業創造價值。

有一位汽車推銷員，剛開始賣車時，老闆給了他一個月的試用期。29 天過去了，他一部車也沒有賣出去。最後一天，老闆準備收回他的車鑰匙，請他明天不要來公司。這位推銷員堅持說：「還沒有到晚上 12 時，我還有機會。」

於是，這位推銷員坐在車裡繼續等。午夜時分，傳來了敲門聲。對方是一位賣鍋者，身上掛滿了鍋，凍得渾身發抖。賣鍋者是看見車裡有燈，想問問車主要不要買一口鍋。推銷員看到這個傢伙比自己還落魄，就忘掉了煩惱，請他坐到自己的車裡來取暖，並遞上熱咖啡。兩人開始聊天，這位推銷員問：「如果我買了你的鍋，接下來你會怎麼做。」賣鍋者說：「繼續趕路，

賣掉下一個。」推銷員又問：「全部賣完以後呢？」賣鍋者說：「回家再背幾十口鍋出來賣。」

推銷員繼續問：「如果你想使自己的鍋越賣越多，越賣越遠，你該怎麼辦？」賣鍋者說：「那就得考慮買部車，不過現在買不起……」兩人越聊越起勁，天亮時，這位賣鍋者訂了一部車，提貨時間是 5 個月以後，訂金是一口鍋的錢。

因為有了這張訂單，推銷員被老闆留下來了。他一邊賣車，一邊幫助賣鍋者尋找市場。賣鍋者生意越做越大，3 個月以後，提前買了一部送貨用的車。

推銷員從說服賣鍋者簽下訂單起，就堅定了信心，相信自己一定能找到更多的用戶。同時，從第一份訂單中，我們也悟出了一個道理：推銷是一門雙贏的藝術，如果只想到為自己賺錢，很難打動客戶的心。只有設身處地的為客戶著想，幫助客戶成長或解決客戶的煩惱，才能贏得訂單。秉持這種推銷埋念，15 年間，這位推銷員共賣出了一萬多部汽車。這個人就是被譽為世界上最偉大的推銷員 —— 喬·吉拉德。

有這樣一句話：「不怕做不到，就怕想不到。」不管是哪行哪業，不管是創業者還是追求其他方面成功的人，這個道理都同樣適用。

工作中疏於思考的直接後果就是工作方式變得單一、呆板，如果工作中總是安於現狀，不求新，不求突破，思想懶惰，怎麼能在工作中表現出優異的成績呢？

在企業中，一些部門與員工的工作方法越來越雷同，毫無創意可言。造成這種現象的原因是不愛動腦，不思考。為什麼不愛動腦子思考呢？恐怕是

缺乏動腦的動力與壓力。不動腦，依樣畫葫蘆自然最省事省力，既然有現成的辦法，大家都這樣做，而且這樣做最保險，誰還去找麻煩！對上有交代，對下有說法，同事之間也好看，誰還願意動腦筋呢？

從某種程度來講，工作就是一個思考的過程；工作取得進步，就是一個思考深入的過程。思考得多了，想到的方法自然就多了。當一個獵人打了一隻兔子時，他就會想辦法如何去獵一隻鹿，當他獵到一隻鹿時，他就會想如何去打一隻熊。而只有這樣不斷的思考，不斷的尋找更好更有效的辦法，才有可能成為一名優秀的獵人。工作何嘗不是一個獵人的思考過程呢？在工作中做事必須勤於思考，不肯用腦的人是做不好工作的。

如果你認為工作只需按部就班做下去就行，不需要再找什麼更好的方法的時候，那麼那些主動找方法的員工就會迅速的提高工作效率，在工作的表現上超過你。而且他們也能比你更快的在公司或上司面前得到認可。相信這一定不是你希望看到的結果。

努力的工作，也要有創新，只有創新工作才能突飛猛進。

不找藉口，找方法

企業中只有兩種人：一種是找藉口的人，一種是找方法的人。找藉口的人永遠不知道如何去解決問題，抱怨與發牢騷是他們經常做的事。找方法的人主動解決問題，發揮創意，這樣的人總是企業裡的稀有資源，也是企業裡價值最高的員工。

有這樣一個小故事：

尼克‧史蒂文生小時候不愛學習，考試常常得 C。每次考完試，尼克總是找各種理由為自己開脫，不是題太難，就是自己身體不適，或者老師判分有問題等等。

有一天，當尼克再次為自己考得不好找藉口時，母親毫不客氣的打斷了他：「別再為自己找藉口了。你考得不好，是因為你不認真學習，也不善於總結方法。如果你是用心的學習，你就不會也不用找藉口了。」

這句話給了尼克極大的棒喝。從此以後，尼克再也不為自己的成績差而找藉口，而是努力從自身找原因，尋找適合自己的學習方法。尼克不僅據此獲得了優異的成績，後來他把「不找藉口找方法」貫徹到自己的職業生涯中，最終躋身成功之列。

好的方法往往能讓你脫穎而出，為你爭取到更大的發展空間。不要抱怨自己運氣不好，你應該清楚，絕大部分的機會都是你自己爭取來的。一個絕妙的方法就是你取得良好業績的鑰匙，也可能成為你一生之中的轉捩點。

1956 年，美國福特汽車公司推出了一款性能優越、款式新穎、價格合理的新車。但這款新車的銷售卻業績平平，完全沒有達到當初的預期效果。公司的經理們焦急萬分，但絞盡腦汁也沒有找到讓產品暢銷的辦法。

剛畢業的見習工程師艾科卡是個有心人，他了解了情況後就開始研究怎樣能讓這款汽車暢銷起來。終於有一天，他靈光一閃，於是徑直來到經理辦公室，向經理提出了一個創意，在報上登廣告，標題是：「花 56 元買一輛 56 型福特。」這是個很吸引人的口號，很多人紛紛打聽詳細的內容。原來艾科卡的方法是：誰想要買一輛 1956 年生產的福特汽車，只需先付 25% 的貨款，餘下部分可按每月付 56 美元的辦法分期付清。

他的建議被公司採納，而且成效顯著。「花 56 元買一輛 56 型福特」的廣告深入人心，它打消了很多人對車價的顧慮，創造了一個銷售業績的奇蹟。艾科卡的才能很快受到賞識，不久他就被調往華盛頓總部成為地區經理，並最終坐上了福特公司總裁的寶座。

俗話說，一把鑰匙開一把鎖。好的方法是解決問題的關鍵。與其費心思為自己的失敗找各種藉口，不如花時間為自己找一個解決問題的好方法。要做一個為成功找方法的人，而不是為失敗找藉口的人。

企業需要的正是那種嚴格遵守行為準則，堅決貫徹執行的優秀員工。在他們身上，展現出的是一種誠實、堅定的態度，一種負責、敬業的精神，一種完美的執行能力。「不找藉口」在眾多知名企業中得到了大力推廣，它對提高企業業績無疑是一劑強心劑。對每個員工來說，如果貫徹這個理念，工作上無疑會取得很大的業績。

「不找藉口」應該成為所有企業員工追求努力解決工作問題的最有力的保障，它強調的是每一位員工都應該對自己的職業行為準則奉行不渝。但不找藉口的員工並不意味著就是好員工，在不找藉口的同時，要努力思考解決問題的方法，你才稱得上是一名優秀的員工。優秀的員工明白，只有用好的方法來彰顯自己的能力。

不找藉口找方法的員工最吃香。

做事要分清輕重緩急

工作具有一定的科學性、系統性與規範性，我們在工作中，只有抓住了

工作的這些特性，才能找到切實可行的工作方法，把工作做好。

在哈佛大學商學院的一堂管理課上，教授給他的學生作了這樣一個實驗：

教授拿出一個容量為一升的玻璃容器瓶放在桌上。隨後，他取出一些大塊的石子，一塊塊的把它們放入容器中，直到再也放不進一塊完整的石子為止。

教授問他的學生們：「你們說，瓶子滿了嗎？」

所有的學生異口同聲的回答道：「已經滿了。」

教授反問道：「真的是這樣嗎？」說完，他又取出一些稍小的石子，慢慢的從瓶子的縫隙中放進去，並搖晃著容器，使更小的石子填滿大石子之間的空隙。

接著教授又問學生們：「瓶子滿了嗎？」

學生們若有所悟，有一些人說：「可能還沒有。」

「你們說得沒錯！」

說完，教授又從桌下取出一杯沙子，把它們慢慢的倒進玻璃容器中，從外表來看，沙子已經填滿了石子之間的所有空隙。教授又一次問了同學們同樣的問題：「瓶子滿了嗎？」

「沒滿！」這一次，同學們十分肯定的大聲的喊道。

之後，教授拿出了一壺水倒入了玻璃容器中，直到水面與瓶口齊平。

實驗結束了，教授問學生：「這個實驗說明了什麼？」

一個學生回答道：「這個實驗說明了，無論你的時間是多麼的緊張，只要你肯再加把勁，還是可以做更多的工作的。」

「雖然你發現了問題，但那並不是問題的關鍵之處。」

教授說：「這個實驗告訴我們，如果你不先把大石子放入容器中，那麼，你就無法把其他的東西再放進去。」

「大石子」的實驗是一個形象的比喻，它就像我們在工作中遇到的問題一樣，如果我們缺乏一個正確的判斷，分不清事情的輕重緩急，把工作精力分散在那些微不足道的小事上，那麼重要的工作就很難完成。

美國的成功學者格雷曾寫過《成功的公分母》一書，他一生探索所有成功者共用的分母。他發現這個分母不是勤奮的工作、好運氣或精明的人際關係 —— 雖然這些都是非常重要的，而是一個似乎超過所有其他因素的因素 —— 把首要的事放在首位。

顯然，我們首先做「非常重要」和「非常迫切」的事。只有這兩項完全重疊才是最主要的事，才是生活、工作中的真正「大石頭」。

高效率工作的重點性是非常明確的。當你面前擺著一堆問題時，應問問自己，哪一些真正重要，把它們作為最優先處理的問題。

根據你的工作目標，你就可以把所要做的事情制訂一個順序，有助你實現目標的，你就把它放在前面，依次為之，把所有的事情都排一個順序，並把它記在一張紙上，就成了順序表，養成這樣一個良好習慣，會使你每做一件事，就向你的目標靠近一步。

眾所周知，人的時間和精力是有限的，不制訂一個順序表，你會對突然湧來的大量事務手足無措。

美國的卡內基在教授別人期間，有一位公司的經理去拜訪他，看到卡內基乾淨整潔的辦公桌感到很驚訝。他問卡內基說：「卡內基先生，你沒處理的

144

信件放在哪裡呢？」

卡內基說：「我所有的信件都處理完了。」

「那你今天沒做的事情又推給誰了呢？」老闆緊追著問。

「我所有的事情都處理完了。」卡內基微笑著回答。看到這位公司老闆困惑的神態，卡內基解釋說：「原因很簡單，我知道我所需要處理的事情很多，但我的精力有限，一次只能處理一件事情，於是我就按照所要處理的事情的重要性，列一個順序表，然後就一件一件的處理。結果，完畢了。」說到這兒，卡內基雙手一攤，聳了聳肩膀。

「噢，我明白了，謝謝你，卡內基先生。」幾週以後，這位公司的老闆請卡內基參觀其寬敞的辦公室，對卡內基說：「卡內基先生，感謝你教給了我處理事務的方法。過去，在我這寬大的辦公室裡，我要處理的文件、信件等等，都是堆得和小山一樣，一張桌子不夠，就用三張桌子。自從用了你說的法子以後，情況好多了，再也沒有沒處理完的事情了。」

這位公司的老闆，就這樣找到了處事的辦法，幾年以後，成為美國社會成功人士中的佼佼者。

我們為了個人事業的發展，也一定要把握事情的輕重緩急。不去問事情的緊迫性與重要程度，往往是抓了一堆芝麻小事，大西瓜一個也沒揀著。好似充分利用了時間，實則是浪費了時間。不分輕重緩急，忙了多半天，也沒成績。

時間管理專家特利克特曾在《時間較有效的使用》一書中建議我們在工作前先將各類事務按重要和迫切的程度排列好次序：

1. 本質上的重要性：非常重要（必須做好）、重要（應該做好）、不很重

要（可能不必要，但可能有用）、不重要（可完全免除）。

2. 在時間上的迫切性：非常迫切（現在就必須做好）、迫切（應該不久就做好）、不很迫切（可以拖一段）、不迫切（可以長期不做，沒有時間因素）。

而一個高效率的人一定從最重要、最急迫的事開始逐步完成，然後把次要的、相對沒有時效性的事放在一旁，務必等到所有重要事情完成之後，再去關照它們。

美國前總統艾森豪安排處理事務時間的原則就是：只允許把最重要而又最緊迫的文件和報告送到他的辦公室，向他彙報的只是最緊急而重要的事。所以他工作起來有條不紊，並以做事效率極高而著稱於世。艾森豪經常告誡手下的工作人員：重要的事不一定迫切，迫切的事不一定重要，只有既重要而又迫切的事才是主要矛盾之所在。

一個人在做事中，不把重要的事放在第一位，他做事就不能抓到重點，常常會延誤了自己的進度，經常有些人會覺得工作越忙越好，但是忙著瑣碎的事和忙著正事，這中間有很大的差別。即使是同樣花時間工作，其一分一秒的價值卻完全不同。

也許，你的工作總是被一些小事、瑣事糾纏，在匆忙的工作中，你沒有時間考慮如何工作才是高效的工作方法，總是遇到什麼解決什麼。結果總是分不清重要的還是次要的，有時候甚至會被那些貌似重要的事情蒙蔽，根本不知道哪些事才是真正最重要的，從而浪費了過多的時間，也沒有把工作做好。

在工作目標指引下的工作過程中，到底哪些事情應該放在首位，哪些事

情可以延後處理呢？

　　這就要有一個章法，或是要有一個標準。在人們的工作思維中，總是習慣性的以事情的「緩急程度」來完成工作，而不是以事情的「重要程度」來安排工作的先後次序。在這樣的思維指導下，人們總是率先安排那些現在「必須」做的事。可是在多數情況下，越是緊迫的事，卻又往往不是最重要的事，比如向上司遞交你的計畫書，具體工作的安排計畫等都被那些諸如必須要接的電話、需要上交的財務報表或是發放一些市場調查結果等等一些事情掩蓋了它的重要性。

　　在工作中，保持清醒的頭腦，分清事情的輕重緩急，把握住事情的先後次序尤為關鍵。

ABC 工作分配法

　　戴爾‧卡內基告訴我們：「一件工作的完成，必須有一個合理的順序，工作順序的合理與否往往能左右工作的效率與時間的價值。」

　　做事講究效率，頭等大事要優先照顧好。但現在職場中，仍然有很多職員在工作中並沒有對工作順序引起足夠的重視。因為工作無章法，處理問題雜亂無章而導致問題無法解決的員工比比皆是。

　　在我們的工作當中，大多數人總是依據下列各種準則決定事情的優先次序：

1.　先做喜歡做的事，然後再做不喜歡做的事。

2.　先做熟悉的事，然後再做不熟悉的事。

3. 先做容易做的事，然後再做難做的事。

4. 先做只需花費少量時間即可做好的事，然後再做需要花費大量時間才能做好的事。

5. 先處理資料齊全的事，再處理資料不齊全的事。

6. 先做已排定時間的事，再做未經排定時間的事。

7. 先做經過籌畫的事，然後再做未經籌畫的事。

8. 先做別人的事，然後再做自己的事。

9. 先做緊迫的事，然後再做不緊迫的事。

10. 先做有趣的事，然後再做枯燥的事。

11. 先做易於完成的事或易於告一段落的事，然後再做難以完成的事或難以告一段落的事。

12. 先做自己所尊敬的人或與自己有密切的利害關係的人所拜託的事，然後再做自己所不尊敬的人或與自己沒有密切的利害關係的人所拜託的事。

13. 先做已發生的事，然後做未發生的事。

很顯然，上述各種工作方法，都是不符合高效率工作方法的要求。這裡有一種合理的工作順序法，叫做「ABC 工作分配法」，能很好的解決我們的諸多問題，這樣你工作起來就不會手忙腳亂，從而讓你的工作更有效率。

所謂「ABC 工作分配法」是按照工作的重要性與緊迫程度將工作分為如下三類：

第一類，今天必須要完成的工作，也就是 A 類工作

A 類工作主要是既重要，又急迫的事情，應該立即著手做這些事情。如

果這項任務不能在一天之內完成，把任務「切分」為幾個更易管理的小部分。如果你的任務需要七天完成，每天你可能只花一個小時做這件事，一個星期後，你就完成了這項任務。

如果一項工作任務是重要而又緊迫的，而且在今天就必須完成，那麼它就應該屬於 A 類工作，就要立即採取行動去做。

第二類，今天應該完成的工作，也就是 B 類工作

B 類工作指的是重要但不緊迫的事情。此時，如何管理時間變得至關重要。你是把這項任務委託給其他人，放棄這件事，還是什麼也不做讓這件事上升為 A 類事件，此時的選擇會影響將來時間的利用。

如果一份工作很重要，但並不是很著急，或是一份工作很緊急但不是太重要，那麼可以劃入 B 類工作，要將此類工作留出足夠的時間，規定一個完成期限。

第三類，今天可以做的工作，這可能是一些日常的工作，屬於 C 類工作

如果這份工作只是日常性的，並不是必要的工作，而且並不能幫助你有效的提高工作效率，那麼你可以將此項工作留待有空的時候來做，這一類就是 C 類工作。如果 C 類工作是一些毫無意義的工作，那麼你甚至可以取消它，不要在這上面再耗時費力了。

在任何一個工作日內，都將工作分成 A、B、C 三類，並在全天將三類工作均衡的分布，而不是先完成 A 類工作，再依次完成 B 類和 C 類。

如果在「應做事項」的單子上，A 類事件不止一個，怎麼知道應該先做

哪一件呢？把 A 類事件標上號（A1、A2、A3），這樣可以幫助你決定先做哪一件事。有兩個辦法可以讓你確定先做哪一件事：

如果你只能做一件事，你想做哪一件？

如果你什麼也不做，哪件事最讓你感到痛苦？

回答了這兩個問題，你就可以確定哪件事是 A1，哪件是 A2。

你可以把「ABC 工作分配法」應用在你的辦公桌旁，放一個檔架，然後把之後要處理的檔全部放在上面，桌面上只留一份最重要的文件，有什麼文件就請放在檔架上，你會一件件處理掉。這樣就不會一直被一些雞毛蒜皮的事打斷你工作的情緒，而可以專心完成一件事。

當然，「ABC 工作分配法」並不是一成不變的。我們的工作情況可能會瞬息萬變，我們不可能在完全不變的環境中進行所有的工作內容。激烈的職場競爭也存在著無窮的變數。這樣你的工作安排也可能會遇到各種各樣的變數。

如果明天召開的會議因為其他原因取消了，你還會將它安排為 A 類工作嗎？當然不會了。隨時注意新資訊的出現與情況的變化，在變化中不斷調整你的工作重點。這樣一來，「ABC 工作分配法」才會得到最大限度的應用與發揮。

在工作中要運用「ABC 工作分配法」。

不喜歡的工作，這樣做

就算你再有事業心，也無法保證工作中的每一件事都會充滿樂趣的去

做。在我們每天的工作中，常常會有許多令人不愉快或令人感到困難與厭倦的事，可以這樣講，這些討厭的事也是我們工作的一部分。與其討厭、逃避它們，不如正視它們，找到更好的解決辦法。這些解決辦法包括：

(1) 各個擊破法

令人不愉快或令人感到困難的事，若能細分為許多件小事，且每次只處理其中的一件，則這種事情處理起來將會容易很多。

例如：一個令人感到尷尬的電話，如非打不可，則可用書面列出以下的行動步驟而予以各個擊破：

1. 查出受話者的電話號碼並寫下來。

2. 決定何時打電話。

3. 翻查有關資料並檢查全面情況。

4. 決定在電話中到底應怎麼說。

5. 撥電話。

假如事情本身很艱巨，就逐步進行。採取各個擊破法以對付拖延的作風時，有兩點必須特別加以注意：

第一，每一個行動步驟都要非常簡單，而且很快即可做好 —— 可能的話，應使每一個步驟在幾分鐘之內就能處理完畢。

第二，每一個行動步驟都必須以書面列明，因為如不這樣做，就可能永遠不會針對事情採取行動。

（2）平衡表法

這也是一種書面分析法。在紙的左邊列出不願去做的理由，在紙的右邊則列出辦妥被拖延的事情的潛在好處。

結果，出人意料的是左邊通常只有一兩個情緒上的藉口，而右邊則有許多的好處，其中的一項可能是「將討厭的事做好，輕鬆了許多」。

平衡表法會令你在冷漠與逃避的心態中覺醒，並面對現實。

（3）思維方式改變法

如果一項工作已不能引起你的興趣，你又必須在有限的時間內完成它。這時候，你必須先把煩躁的心情平靜下來，想想工作完成後的好處，你真正的目標是什麼，並想像目標達成時的喜悅，然後用平和的心情做完它。之後你會發現，其實工作情緒不是那麼難控制的。

不願去做可以說是深植於內心的一種思維方式所造成的結果。這種思維方式是這樣的：「這種任務必須履行，但是它令人感到不愉快。」

倘若你能將上面的思維方式改為：「這種任務是令人感到不愉快的，但是它必須完成，如果立即做完它，就可以盡早忘掉它。」則拖延之惡習將可望獲得矯正。

（4）避免過度追求盡善盡美

在作決策時有的人往往過度小心、過度理想化，以至非到資料齊全或有確切把握時不敢隨便進行，這說明了為什麼人們一遇重大事件便會猶豫徘徊。對那些過度追求完美的人來說，下面的方法是有益的：

第一，決策環境本身就具有不確定性，因此想獲得完備的決策資料是不可能的。基於這個道理，你應在已收集了大多數的關鍵性資料（即進一步獲得的資料所產生的好處不大）之後，立刻去做。

第二，你若能及早進行決策，則當決策顯示錯誤的跡象時，你才有時間採取補救或善後措施。一旦你將決策拖延到期限已滿時才予以制定，那麼不出錯則已，一出錯則永遠無法挽回。

當然，資訊不夠全面，條件不夠成熟時，推遲決策或行動是明智的。但絕不能總是把希望寄託到明天，因為明天是未知的。

不喜歡的工作也要講方法去做。

做最擅長的事，讓你得心應手

據調查，有 28% 的人正是因為找到了自己最擅長的職業，才徹底的掌握了自己的命運，並把自己的優勢發揮到淋漓盡致的程度。這些人自然在自己的行業裡業績都很高，從而邁進了成功者之列；相反，有 72% 的人正是因為不知道自己的「對口職業」，而總是彆彆扭扭的做著不擅長的事，因此，不能做出很大的業績來，不能脫穎而出，更談不上事業成功。

實際上世界上大多數人都是平凡人，但大多數平凡人都希望自己成為不平凡的 —— 成大事者，夢想成大事，才華獲得賞識，能力獲得肯定，擁有名譽、地位、財富。不過，遺憾的是，真正能做到的人，似乎總是不多。

如果你用心去觀察那些在本行業取得很大成就的成功者，幾乎都有一個共同的特徵：不論聰明才智高低與否，也不論他們從事哪一種行業、擔當任

何種職務，他們都在做自己最擅長的事。

　　從很多例子可以發現，一個人的「業績」主要來自他對自己擅長的工作的專注和投入，無怨無悔付出努力的代價，才能享受甘美的果實。

　　一位知名的經濟學教授曾經引用三個經濟原則做了貼切的比喻

　　他指出，正如一個國家選擇經濟發展策略一樣，每個人應該選擇自己最擅長的工作，做自己專長的事，才會勝任。換句話說，當你在與別人相比時，不必羨慕別人，你自己的專長對你才是最有利的，這就是經濟學強調的「比較利益」。這是第一。

　　第二是「機會成本」原則。一旦自己做了選擇之後，就得放棄其他的選擇，兩者之間的取捨就反映出這一工作的機會成本，於是你了解到必須全力以赴，增加對工作的認真度。

　　第三是「效率原則」。工作的成果不在於你工作時間有多長，而是在於成效有多少，附加價值有多高，如此，自己的努力才不會白費，才能得到適當的報償與鼓舞。

　　一個人做自己擅長的事，腳踏實地是獲取成功的法寶。每個人在年輕的時候都會立志，有的人想成就一番事業，想讓自己的人生有輝煌的成就。這需要培養自己的一技之長，一步一步去累積自己的個人資源，才是邁向成功之路的要素。

　　一個人成功的工作方法在於：做自己最擅長的事。

第六章
責任勝於能力，擔當才能走向卓越

　　一個人無論多麼優秀，他的能力都是透過盡職盡責的工作來完美展現的，對於個人而言，責任是一個人有所成就的不竭動力；一個對工作負責任的人，才是對自己真正負責任的人。當我們把工作當成一項神聖而偉大的事業，用整個生命去實踐的時候，人生往往更容易激發出絢麗的色彩。

盡職盡責去做，就是對責任的擔當

《致加西亞的信》之所以可貴，是因為它彰顯了「羅文精神」；而「羅文精神」之所以可貴，是因為它弘揚了忠誠與敬業這種高尚的工作精神。也就是說：每一件事都值得我們去做，而且應該全身心的盡職盡責去做！

工作需要羅文精神，公司需要許許多多羅文這樣的好員工，有羅文這樣的好員工，公司不會不發展，國家不會不富強。

「羅文精神」來源於一個震撼人心的故事：

據載，美國人阿爾伯特‧哈勃德於 1899 出版了一本小冊子，書名叫作《致加西亞的信》。就是這一篇僅幾百字的小短文，幾乎世界上主要的語種都把它翻譯了出來。僅紐約中央車站就將它印了 150 萬份，分送給路人。

日俄戰爭的時候，每一個俄國士兵都帶著這篇短文。日軍從俄軍俘虜身上發現了它，相信這是一件法寶，就把它譯成日文。於是在天皇的命令下，日本政府的每位公務員、軍人和老百姓，都擁有了這篇短文。

目前，這篇《致加西亞的信》已被印了億萬份，在全世界廣泛流傳，有史以來的任何作者，都無法打破這個記錄。

這篇短文的作者是 Eebert Hubbard，文章最先出現在 1899 年的 Philitinc 雜誌，後來被收錄在戴爾‧卡內基的一本書中：

它敘述的是美西戰爭中的一個小故事：1895 年，西班牙入侵古巴。1897 年，美國軍艦「瑪恩號」駛入哈瓦那港。1898 年，西軍擊沉了「瑪恩號」。美國隨即對西班牙宣戰，戰爭以西班牙失敗而告終。戰前，美國總統需要送一封信給古巴起義軍首領加西亞，陸軍低等軍官羅文接受了這個任務。在一

切有關古巴的事情中，有一個人是最重要的，當美西戰爭爆發後，美國必須立即跟西班牙反抗軍首領加西亞取得聯繫。加西亞在古巴叢林的山裡 —— 沒有人知道確切的地點，所以無法寫信或打電話給他，但美國總統麥金利必須盡快與他合作。

怎麼辦呢？

有人對麥金利總統說：「有一個名叫羅文的人，有辦法找到加西亞，也只有他才找得到。」

他們把羅文找來，交給他一封寫給加西亞的信，那個叫羅文的人拿了信，把它裝進一個油質袋子裡，封好後掛在胸前，划著一艘小船，四天以後的一個夜裡，在古巴上岸，消失於叢林中。接著在三個星期之後，把那封信成功的交給了加西亞。

就是這個羅文，帶著如此重要的信件，去到那個如此陌生又如此險惡的國度，尋找那個如此神祕又如此隱祕的人物。他克服了常人難以想像的困難，成功的完成了任務，並且從加西亞那裡帶回了重要情報，確保了戰爭的勝利。

讀過《致加西亞的信》這本書的人都為「羅文精神」所深深震撼。

此書一問世，就轟動了紐約，隨即轟動了美國，不久便震撼了世界。日俄戰爭時期，俄國軍隊中從長官到士兵，每人身上都帶著一本俄文版《致加西亞的信》。日本軍人從俄軍戰俘中得到這本書，隨即轉譯為日文版，不久就有了天王詔令：《致加西亞的信》國民人手一冊。一個多世紀以來，人們經歷了數不清國家更替、民族興衰、戰爭勝負和社會巨變，可是這本書卻歷久彌新、長盛不衰，保持了旺盛的生命力，在全球最暢銷圖書排行榜中名列

第六名。

　　《致加西亞的信》之所以可貴，是因為它彰顯了「羅文精神」；而「羅文精神」之所以可貴，是因為它弘揚了忠誠、敬業與責任這種「人類社會的最基本的法則」。

　　那麼，羅文精神精髓到底是什麼？怎樣喚醒企業員工的責任心？怎樣調動起企業員工的執行力？

　　羅文精神精髓就是：責任第一，技能第二。作為企業的管理者，會因為下級們的被動 —— 無法或不願專心去做一件事 —— 而大吃一驚：懶懶散散，漠不關心，馬馬虎虎的做事不負責的態度，似乎已經變成常態。

　　因此，這些員工缺乏的不是某種知識和技能，而是缺乏一種工作責任、一種務實的工作精神。

　　這個故事已經過了 100 多年，人們記住的並不僅僅是一個名字，更重要的是羅文已經成為了一種象徵，一種忠誠、敬業、負有責任、能夠高效執行任務的象徵。而這樣的人就是今天的羅文，就是上司能夠委以重任的，能夠把信送給加西亞的優秀送信人。

　　對於今天的許多人而言，所缺乏的正是這樣一種精神 —— 責任、敬業、忠誠、信用。

　　我們所做的任何工作都和送信一樣，最終人們想知道的不是你究竟在過程中付出多大的努力，遇到了什麼樣的困難，而是你是否成功的完成了任務。雖然這多少有些以「成敗論英雄」的殘酷，但是這就是現實，既然接受了上司賦予你的使命，為什麼不盡全力去完成呢？因為，當你被賦予使命的那一刻，你的委託人已經認定你是最佳的送信人，你為什麼不盡力去完成這

個光榮的任務呢？當上司給你一次表現自己的機會時，他也是在給他自己一次機會，他想看一看，他選中你作為送信人是不是正確的，他對你的信賴和器重到底值不值得。

一份英國報紙刊登一則招聘教師的廣告：「工作很輕鬆，但要全心全意，盡職盡責。」事實上，不僅教師如此，對待所有的工作都應該全心全意、盡職盡責才能做好。一個人無論從事何種職業，都應該盡心盡責，盡自己的最大努力，求得不斷的進步。這不僅是工作的原則，更是工作的態度。那些在人生中取得成就的人，一定在某一特定領域裡總是盡心盡責的人。

工作需要羅文精神。

責任心，讓你的才華發揮得淋漓盡致

美國著名的管理學家瑪麗・弗洛特曾說：「責任是人類能力的偉大開發者。」勇於負責，才有負更大責任的機會，才會有實現自我價值的機會。

一個有抱負的人總是希望展示自己的才華，實現自我價值，可是，並不是所有具有才華的人都能夠真正實現自我的價值，因為他們不知道實現自我價值需要前提，不知道把才華發揮出來也需要前提，這個前提就是責任！

強烈的責任感使得企業家將公司的巨額財產捐獻給了慈善事業和相關的社會公益事業，從而讓自己成為社會標竿！責任就是對自己所負責的工作的忠誠和信守，因而可以稱之為使命。我們要將責任深深根植於內心，讓它成為我們腦海中一種強烈的自覺意識。在工作的過程中，這種責任意識將使我們發揮潛能，做出驚人的業績來。

第六章　責任勝於能力，擔當才能走向卓越

面對自己的職業與工作職位，每一個員工都要牢牢記住，這就是你的工作，不要忘記你的責任，工作意味著責任，責任是一種使命。

責任不分大小，關鍵在於落實。願不願意落實責任，能不能將責任落實到位是所有人都不能忽視的問題。對於責任落實的意願與能力，往往決定著企業的生存和個人的業績。

不要輕視自己的工作，如果僅用世俗的眼光來衡量你的工作，認為工作只不過是為了麵包，那麼你的工作便沒有什麼價值可言。人生的追求不僅僅只是為了滿足生存的需要，更需要有高層次的需求，有更高層次的動力驅使。因此，工作不但是為了生計，還有比生計更可貴的，就是透過工作充分發掘自己的潛力，發揮自己的聰明才智。對工作的認識達到這一高度，你就會投注足夠的注意力和十二萬分的熱情，成功才會尾隨而至，而你也就會成為老闆重點培養的對象。而要達到這一境界，就必須學會擔當責任。

有些工作表面看來微不足道，也許還索然無味，但如果深入其中，你就會認識到其不同凡響的意義。因此，當老闆交給你一項極平凡的工作時，千萬不要自怨自艾、滿腹牢騷，你可試著從工作本身的高度去理解它、審視它、看待它。當你從它的平凡表象中，洞悉其中不平凡的本質後，你就會從消沉怠惰的境況中解脫出來，不再有勞碌辛苦的感覺，厭惡的感覺也自然煙消雲散。一旦你圓滿完成這些「平凡低微」的工作，你的業績自然就超越了其他同事，也就向職場成功更邁進了一步。

王先生是一位忠於職守的老技術工人。後來工廠因為發展的需要，從國外引進了幾台工業用的大車，廠長便指派王先生負責技術維護。

可是還不到半年，這幾台車突然出現故障，無論如何也發動不了，於是王先生就帶領技術組到車上查找故障原因，同時迅速聯繫了生產該車的外國

160

技術專家。

外國專家了解了有關情況，得出的結論是：故障是因為工廠工人操作不當所引起的，他們不負責維修。

王先生卻堅持認為，工人完全是按照說明書進行規範操作的，沒有不當之處，於是，他向外國專家提出了自己的看法，但是幾個外國專家根本就不採納王先生的意見。

工廠的上司左右為難：如果承認是工人操作不當引起的故障，那麼廠商就不需要負責保修，幾台車的維修費用要自己負責，算下來怎麼也得兩百多萬元。可是如果不承認，由於自己的技術人員不精通這方面的技術，根本提不出有力的證據。

就在上司萬般無奈決定承擔這筆巨大的損失時，王先生卻堅決不同意。他繼續帶領幾個技術工人，在車上一待就是幾天，用各種檢測工具從頭開始，一點一點的檢測各種資料。

終於，在第四天早上，王先生在一組資料中發現了問題所在，這組資料完全可以證明，這幾台車在生產設計時就存在著嚴重的瑕疵。

當李先生把這組資料放到外國專家面前時，剛才還趾高氣揚的外國專家頓時啞口無言。最後，他們只得承認是自己設計時的疏忽才導致了幾台車的故障，因此決定維修費用由生產廠商全部承擔。

王先生的高度負責、恪盡職守使工廠避免了巨大的損失，上司也從此對他另眼相看，並提升他為工廠的技術總監。

一個人有沒有責任心固然很重要，但企業真正需要的是既具有責任心，又能在工作中完美落實責任的人。所以，在關鍵時刻，責任往往要比能力更

能發揮作用。

缺乏責任的才華似朵漂浮的雲，只有載負了使命才能放出異彩。

工作法則就是盡職盡責去做

一個人無論擔任何種職務，做什麼樣的工作，都應當盡職盡責去完成，這是工作法則，也是道德法則，還是社會法則。我們每個人都在自己的工作中擔當著不同的角色，從某種程度上說，對角色飾演的最大成功就是對責任的完成。

你可能是一名普通的員工，你的工作可能只是一點小事情，但一樣需要你盡職盡責的將其做好，做出優秀的業績來，因為只有每個人的工作都做出好的業績來，公司的整個營運才能順利進行，公司總的業績也就提高了。

一個企業管理者曾說：「如果你能真正的釘好一枚鈕扣，這應該比你縫製出一件粗製的衣服更有價值。」事實上，只有那些盡職盡責工作的人，才能被賦予更多的使命，才能更容易的走向成功。

盡職盡責的行為是一種全心的付出：盡職盡責是一種挑戰困境的勇氣，盡職盡責也是戰勝一切的決心。

一個成功的人必然具備某些條件，其中之一就是責任感。固然，聰明、才智、學識、機緣等等，都是促成一個人成功的必要因素，但假如缺乏了責任感，他仍是不會成功的。

一個沒有責任感的人，在工作時一定不會認真，對他的工作是否有成績也不會很細心的去檢討，也不願去承擔這工作成敗的後果。他容易有推諉的

162

傾向，也比較懶惰和貪玩。他的聰明或許足可掩蓋他工作上的失誤或不圓滿之處，在上級面前也很容易獲得通融，甚至由於他的聰明圓滑，長於應酬，還可獲得加薪或升級。但只因他缺少一種真正的責任感，日久天長，他的工作總難免因一再的疏漏而發生不良的後果。他由聰明圓滑而得來的信任也必不能維持久長。

我們相信，一個人即使聰明才智差一點，但假如他肯對工作負責，成功的機會也必定比只有聰明才智而無責任感的人要多。

責任感是職場人士的最為重要的優秀品格之一，是判斷其忠誠與否的重要標準。它可以讓一個初出茅廬、名不見經傳的人脫穎而出，迅速成為公司裡倍受重視的關鍵人物。如果你能夠忠於自己的公司，對工作高度負責，具有強烈的責任感，那麼你就會是一個很容易成功的人。

王大強是一名剛剛畢業的大學生，他到一家鋼鐵公司工作剛剛一個月，就發現該廠很多煉鐵的礦石並沒有得到充分的冶煉，一些礦石中還殘留著沒有被冶煉完整的鐵。王大強意識到如果這樣下去的話，公司會有很大的損失。於是，他找到了負責這項工作的工人，跟他說明了問題，但是這位工人說：「如果技術有了問題，工程師一定會跟我說，到目前為止還沒有哪一位工程師向我提出這個問題，說明現在沒有問題。」王大強無奈之下又找到了負責技術的工程師，對工程師提出他看到的問題。工程師信心十足的說：「我們的技術是世界上一流的，怎麼可能會有這樣的問題？」工程師並沒有把他說的看成是一個很大的問題，還暗暗想道，一個剛剛畢業的大學生，能明白多少，不會是因為想引起別人的注意而表現自己吧。

但是王大強認為這是個很大的問題，於是拿著沒有冶煉充分的礦石找到了公司負責技術的總工程師，向他說道：「先生，我認為這是一塊沒有冶煉充

分的礦石，您認為呢？」

　　總工程師看了一眼，疑惑的說：「沒錯，年輕人你說得對。這是哪來的礦石？」

　　王大強說：「是我們公司的。」

　　「怎麼會，我們公司的技術是一流的，怎麼可能會有這樣的問題？」總工程師更覺得詫異。

　　「工程師也這麼說，但事實確實如此。」王大強堅持自己的觀點。

　　「看來是出問題了。怎麼沒有人向我反映？」總工程師有些發火了。

　　總工程師馬上召集負責技術的工程師來到生產線，果然發現了一些冶煉並不充分的礦石。經過檢查發現，原來是監測機器的某個零件出現了問題，才導致了礦石冶煉的不完整。

　　公司的總經理知道了這件事之後，不但獎勵了王大強，而且還提拔他為負責技術監督的工程師。總經理不無感慨的說：「我們公司並不缺少工程師，但缺少的是負責任的工程師，這麼多工程師就沒有一個人發現問題，並且有人提出了問題，他們還自以為是技術一流。對於一個企業來講，人才是重要的，但是更重要的是真正的有責任感和忠誠於公司的人才。王大強將被晉升為負責技術監督的工程師。」

　　具有強烈責任感的人，不但具有堅強的意志和埋頭苦幹的決心，還具備極強的解決意識，肯在自己的工作領域裡刻苦鑽研，嘗試創新。他不是被動的等待著新任務的來臨，而是積極、主動的尋找解決目標。在他們眼中，每一次負責都是一次發展的機遇。

　　責任的正面，壓力重重；責任的背面，機會多多。要知道你承擔的責任

越大，你的位置也越高。

責任就是盡到自己的本分

齊格勒說：「如果你能夠盡到自己的本分，盡力完成自己應該做的事情，那麼總有一天，你能夠隨心所欲的從事自己想要做的事情。」

負責任、盡義務是一個人成熟的標誌。對於責任，有一些人總不想主動去承擔，而對於獲益頗豐的好事，邀功領賞者不乏其人。但需要知道，負責任的人是成熟的人，他們對自己的言行負責，他們把握自己的行為，做自我的主宰。

曉麗是一家娛樂公司的副理，公司現有的業務運轉正常，發展也比較迅速。這時，曉麗想擴展公司的業務範圍，進入酒店經營行業。

申請報告拿上去後，很快就批了下來。於是，曉麗做了一番市場調查，準備在郊區開一個大型的酒店。調查結果很快報上來，結果不是很理想。因為郊區的酒店比較少，所以，顧客相對也比較少。但是，曉麗卻沒有十分看重這個結果，她過於相信自己的判斷能力，以為憑藉公司現有的名氣，開酒店一定會生意熱門。

從選址、建房到裝修只花費了幾個月的時間。年末的時候，酒店如期開業。儘管公司做了大量的廣告宣傳，但結果仍然不盡如人意。酒店的營業額一直不是很好，開業幾個月，一直過著入不敷出的日子。

這時，曉麗才意識到自己的錯誤。在公司的會議上做過道歉後，她承諾一定把酒店的經營做起來，絕不拖公司的效益後腿。此後的一個月間，她一

165

直住在酒店，留心觀察來店裡的人，了解顧客的需求，而且還對娛樂界做了廣泛的調查。

透過一個月的調查分析，她決定把酒店只當作經營的一部分，擴大了其他娛樂項目的建設，比如健身館、保齡球館、游泳館等。因為分析後顯示，來此用餐的人都是一些有權有錢有地位的成功人士，如果能將經營範圍擴大，會更能吸引顧客的光臨。

事實也證明瞭曉麗的補救措施是正確的，因為經營範圍擴大，等級提高，所以吸引了一些高消費顧客的光臨，酒店很快轉虧為盈。

推諉是一種對待工作中的責任的一種逃避態度，不僅不會給企業帶來任何收益，相反，它帶給整個團隊的只能是相互抱怨與敷衍塞責。這兩種結果都是作為一個公司、一個團隊最應該杜絕的。推諉造成的最嚴重後果是使得整個團隊和公司凝聚力土崩瓦解。從這個意義上來說，推諉對公司和其他員工而言是一種極大的罪過。

在現代企業裡，老闆越來越需要那些勇於承擔責任毫不推諉的員工，因為責任意味著忠誠和全心全意的付出。主動承擔責任的人，無論多小的事，他們都能夠比以往任何人做得出色。

有一個替人割草打工的男孩打電話給布朗太太說，您需不需要割草？布朗太太回答說，不需要了，我已有了割草工。男孩又說，我會幫您拔掉草叢中的雜草。布朗太太回答，我的割草工已做了。男孩又說，我會幫您把草與走道的四周割齊。布朗太太說，我請的那人也已做了，謝謝你，我不需要新的割草工人。男孩便掛了電話。此時男孩的室友問他說，你不是就在布朗太太那兒割草打工嗎？為什麼還要打這個電話？男孩說，我只是想知道我究竟做得好不好！

多問自己做得如何，做得結果好不好，這就是責任。工作就意味著責任。在這個世界上，沒有不需承擔責任的工作。不要害怕承擔責任，要相信自己，你一定可以承擔任何正常職業生涯中的責任，你一定可以比前人完成得更出色，更能取得令人信服的業績來。

每個公司裡的老闆都越來越需要那些敢作敢當、勇於承擔責任的員工。因為，責任感是很重要的，不論對於家庭、公司、社交圈子，都是如此。它意味著專注和忠誠。

同樣的，不論是不是員工的責任，只要關係到公司的利益，員工都該毫不猶豫的加以維護。因為，如果一個員工想要得到提升，任何一件事都是他的責任。如果員工想使老闆相信你是個可造之才，最好、最快的方法，莫過於積極尋找並抓牢促進公司利益的機會，哪怕不是你的責任，你也要這麼做。

只有主動對自己的工作負責、對公司和老闆負責、對客戶負責的人，才是老闆心目中最理想的員工。

把責任落實到位

如果企業把責任落實到位，每個員工都能認真負責並執行到位，那麼員工必定是優秀的員工，企業也必定是優秀的企業。企業只有把責任感放在第一位，員工才能責無旁貸的承擔起任務，才能想盡辦法保證完成任務。否則，員工的責任意識就會變得很淡薄，出現工作不認真、不積極的情況。

一位零售業經理在一家超市視察時，看到自己的一名員工對前來購物的

167

顧客極其冷淡，偶爾還發發脾氣，令顧客極為不滿，而他自己卻不以為然。

　　這位經理問清緣由之後，對這位員工說：「你的責任就是為顧客服務，令顧客滿意，並讓顧客下次還到我們這裡來，但是你的所作所為是在趕走我們的顧客。你這樣做，不僅沒有擔當起自己的責任，而且正在使企業的利益受到損害。你懈怠自己的責任，也就失去了企業對你的信任。一個不把自己當成自己企業一分子的人，就不能讓企業把他當成自己的人，你可以走了。」

　　在企業裡，一個員工責任感匱乏，不視企業的利益為自己的利益，不會處處為企業著想，這樣的員工被解聘只是遲早的事。

　　所以，在任何時候，責任感對企業都不可或缺。要將責任感根植於內心，讓它成為我們腦海中一種強烈的意識。在日常行為和工作中，這種責任意識會讓我們表現得更加卓越。

　　在職場中，誰都希望能得到老闆的重用，都希望老闆能把最重要的工作交給自己完成，然而並不是所有的員工都能成為老闆眼中的「紅人」。一般來說，那些只有取得了良好業績的員工更容易得到上司的信任。而那些眼高手低，不能踏踏實實工作，沒有好的業績的員工是很難得到老闆的重用的。

　　在現代老闆的眼中，高度的責任感是未來成功人士必備的人格特質，是你贏得老闆信任的關鍵。進入職場後，也許你所面對的只是一些簡單的或是艱苦而單調的工作，你可能對這些工作毫無興趣。然而，這正是考驗你積極性的時刻。

　　李志軍應聘到一家廣告公司，上班的第一天，老闆交給他一項任務，為一家知名企業做一個廣告企劃：這是他進入公司以來老闆親自交代的第一項工作，因此他不敢怠慢，認認真真的做了兩週。

　　兩週後，他拿著企劃走進了老闆的辦公室，恭恭敬敬的放在老闆的辦公桌上。可是，老闆看都沒有看一眼，只說了一句話：「這是你能做的最好的企劃嗎？」年輕的李志軍愣住了，沒敢回答，老闆見狀便把企劃推給了李志軍。

　　李志軍什麼也沒有說，拿起企劃，回到了自己的辦公室。

　　李志軍認真的做了修改，拿給老闆看，但老闆還是那句話：「這是你能做的最好的企劃嗎？」李志軍心中忐忑不安，不敢給予肯定的答覆。於是又拿回去修改。

　　如此反覆了五六次，最後一次的時候，李志軍自信的對老闆說：「是的，這是我認為最好的企劃。」老闆笑著說：「好，這個企劃通過。」

　　從此以後，李志軍明白這樣一個道理：只有不斷的改進，工作才能做得更好。因此在以後的工作中他經常自己問自己：「這是我能做的最好的企劃嗎？」他在工作中主動積極的不斷追求進步，很快成為公司中不可缺少的一分子。老闆對他的工作表現也很滿意。不久李志軍被提升為部門主管。

　　一個員工應該發掘出自己的潛力，創造出最好的業績，能做到多好，就必須做到多好。只有這樣，對於企業來說，你才是有價值的員工。做到最棒，才能贏得更多的機會。

　　將責任根植於內心，你會更加卓越。

信譽來自責任

　　信譽就是責任，信譽來自責任。一個企業決定其獲得信譽度，及其生存力是與它能承擔責任的能力分不開的。

第六章　責任勝於能力，擔當才能走向卓越

　　責任感，是企業信譽的最好保障，只有對自己的產品負責，對自己的用戶負責，企業的信譽度才能越恆久。

　　一位法國商人購買了一輛勞斯萊斯汽車，興奮之餘，親自開車帶著自己的家人到西班牙去度假，剛剛走到法國南部一個偏遠小鎮的時候，車突然拋錨了，當地的汽車維修站一檢查，是有個零件出了毛病，只能原廠更換，他們無能為力。法國商人當時就火冒三丈：都說擁有勞斯萊斯是一種豪華的享受，這算個什麼東西？！他立即撥通了勞斯萊斯法國總部的電話，連聲指責他們的車如何如何的拙劣。總部接聽電話的女士在耐心聽了法國商人的抱怨之後，平靜的問了問幾個問題，然後又客氣的問了問當地維修人員關於車的問題，最後對這位法國商人說：「先生，首先為耽誤您的行程以及為您及您的全家帶來的問題表示道歉，我向您保證，我們的維修人員將在兩個小時之內到達您所在的地點，給您送去零件！」法國商人一聽就又氣又樂：「你們來點實際的，兩小時？我自己開車就開了三個多小時！」接線的女士沒有笑，重複了一句：「先生，我再次向您保證，我們的維修人員將在兩小時內到達您所在的地方！」

　　法國商人已經覺得有些滑稽了，半開玩笑半氣惱的說：「好，我等著，如果維修人員不能在您說的時間到，我將起訴你們！」

　　說完，他把電話掛掉了，開始給自己的律師打電話。

　　時間過去了一個多小時，法國商人看著遠處的高速公路，嘴裡叨叨著，暗暗的咒罵著剛才的接線服務人員。突然，他聽到了「轟隆隆」的飛機聲，一架直升機出現在了上空，而且正在緩緩降落！正在大家不知發生了什麼事情的時候，他看到了飛機上的「勞斯萊斯」標誌！果然，是勞斯萊斯公司的維修人員開著直升機到了！

　　這位法國商人不僅不再抱怨和咒罵，而且以後經常給人講起這段讓他記憶猶新的往事。勞斯萊斯的這段壞事反而變成了好口碑！如果不是強烈的責任意識，誰會傻到開飛機去執行維修任務呢？話說回來了，如果不是這種超乎尋常的責任感，勞斯萊斯的品牌又會是個什麼樣子呢？汽車再好也只是汽車而已，只有強烈的對於客戶的責任感才是讓客戶感動的根源，也是企業的業績長存的原動力。

　　信譽就是責任，信譽來自責任。

第六章　責任勝於能力，擔當才能走向卓越

第七章

懂些職場關係學，心情好才能做得好

　　當今職場，不注重人際社交的人，注定要失敗。無論你是初來乍到的新人，還是工作多年的老員工，在企業中，與周圍的同事關係如何，與上司的關係如何，都是影響你工作效率的重要因素。每個人都不是孤立的，良好的人際關係可以使人心情愉悅，而不良的人際關係則直接影響到你每天的心情和工作成效，甚至身心健康。

人際關係也是一種工作能力

在工作中建立良好的人際關係，是每個人獲得職業成功不可或缺的要素，我們每一個職場人都必須正視它、重視它。只有創造出良好的人際氛圍，你才能工作得很開心。

小湯瑪斯・華生曾經說過，沒有任何事物能夠代替良好的人際關係以及這種關係所帶來的高昂的士氣和幹勁。你必須始終堅持全力以赴的塑造這種良好關係。

融洽的人際關係是促進工作順利開展的重要因素之一。沒有良好的人際關係，要在職場取得成功確實很難。即使是以技術為主的企業也同樣看重人際社交能力。

讓我們讀一則小故事：

王先生是一家電腦部門的技術主管。一天早上，他開完會剛走進辦公室就接到了部門經理的電話，電話裡經理開門見山的說：「公司決定解僱張品研。」王主管大吃一驚，張品研是他從另一家電腦軟體公司挖角過來的，他能幹、努力、忠誠，是他的得力助手。他心裡暗暗自決定要爭取把張品研留下來，他對部門經理說：「為什麼？他能力強又很敬業為什麼要解僱他？」

「他和其他同事之間的關係很差，使得他們極為反感，這件事你不知道嗎？」

王先生謹慎的回答：「他曾經提過公司應用軟體還有改進的空間，他正在和該部門的設計人員溝通，試圖說服他們修改程式。」

經理生氣的說：「他對待同事的態度有很大的問題。今天上午，他和該

組的設計師進行討論，結果很糟糕。那邊的主設計師投訴他不合作，還罵人……主設計師說他無法跟他一起工作，要麼張品研走，要麼他走。你當時不在，我和總經理討論後決定讓張品研走。」

儘管張品研勤奮能幹，但是他在職場中不注重與人相處的藝術，被公司高層認定為無法合作的員工，被解僱已成定局。

由此可見，當今職場，社交也是影響工作的重要因素。每個員工都不是孤立的，良好的人際關係可以使人心情愉悅，而不良的人際關係則直接影響到你每天的心情和工作成效，甚至身心健康。因而掌握與上司、下屬、同事和睦相處的藝術，構築和諧的人際關係是十分必要的。

總之，無論你在什麼企業或是什麼公司，跟上司和同事維持友好關係都是十分必要的。它將直接影響你是否能獲得表現才能的機會以及獲得升遷的機會，甚至還會直接影響到工作業績。

因此，人際關係也是一種工作能力。

懂些辦公室裡的「規矩」

你永遠都不知道，不知什麼時候，你身邊不起眼的人也會成為你的貴人。所以，在辦公室裡，經營人際關係也要懂些辦公室裡的「規矩」，才能在辦公室人脈「戰爭」中遊刃有餘。

（1）融入同事的愛好之中

俗話說「趣味相投」，只有共同的愛好、興趣才能走到一起。融入同事

的愛好之中，才能和同事有共同語言，才能更有效的交流與溝通。

(2) 不要獨享榮耀

　　與同事和上司分享你的榮耀，不僅給人一種謙虛的印象，還可藉機培養一下彼此的感情。所以，當你在工作上有特別表現而受到肯定時，千萬記得—— 不要獨享榮耀，否則這份榮耀會為你帶來人際關係上的危機。

(3) 得意之時莫張揚

　　每當受到上司表揚或者升遷時，不少人往往會在上司沒有宣布的情況下，就在辦公室中四處招搖，或者故作神祕的對關係親密的同事細訴。一旦消息傳開後，這些人肯定會招同事嫉妒，眼紅心恨，從而引來不必要的麻煩。

　　當然，除了在得意之時不要張揚外，即使在失意的時候，也不能在公開場合向其他人訴說上司的各種壞話，甚至還要牽連其他同事也犯同樣的錯誤。如果經常這樣的話，不但上司會厭煩你，同事們更加會對你惱怒，你之後在公司的日子肯定不好過。所以，無論在得意還是失意的時候，都不要過度張揚，否則只會給工作帶來障礙。

(4) 閒聊的話不要深究

　　在辦公之餘，同事之間相互在一起閒聊是一件很正常的事情。而許多人，特別是男同事在閒聊時，多半是為了在同事面前炫耀自己的知識面廣，同時向其他同事傳遞這樣一個資訊，那就是：你們熟悉的，我也熟悉；你們不熟悉的，我也熟悉！

其實這些自詡什麼都知道的人知道的也不過是皮毛而已，大家只是互相心照不宣罷了。你要是想滿足自己的好奇願望，打破砂鍋的向對方發問，對方馬上就會露餡，這樣閒聊的時間自然不會太長，但卻掃了大家的興趣，也會讓喜歡「神侃」的同事難堪。相信以後再閒聊的時候，同事們都會有意無意的避開你的。

所以，在任何場合下閒聊時，不求事事明白，問話適可而止，這樣同事們才會樂意接納你。

(5) 不隨意洩露同事的隱私

不隨意洩露同事的隱私是鞏固職業友情的基本要求。如果同事能將自己的隱私告訴你，那只能說明同事對你已是相當信任，你們之間的友誼肯定要超出別人一截，否則她不會將自己的私密全盤向你托出。而既然是隱私，也總會帶有一些不可告人或者不願讓其他人知道的隱情，所以你最好不要隨意洩露。要是同事在別人嘴中聽到了自己的私密被公開曝光後，不用說，他肯定認為是你出賣了他。被出賣的同事肯定會在心裡不止千遍的罵你，並為以前付出的友誼和信任感到後悔。

(6) 遠離搬弄是非者

「為什麼某某人總是和我作對？這傢伙真讓人煩！」「某某人總是和我抬槓，不知道我哪裡得罪他了！」……辦公室裡常常會飄出這樣的流言蜚語。要知道這些流言蜚語是職場中的「軟刀子」，是一種殺傷性和破壞性很強的武器，這種傷害可以直接作用於人的心靈，它會讓受到傷害的人感到厭倦不堪。

要是你非常熱衷於傳播一些挑撥離間的流言蜚語，至少你不要指望其他同事能熱衷於傾聽。經常性的搬弄是非，會讓公司中的其他同事對你產生一種避之唯恐不及的感覺。要是到了這種地步，相信你在這個公司的日子也不會太好過，因為到那時已經沒有同事把你當一回事了。

(7) 低調處理內部糾紛

在長時間的工作過程中，與同事產生一些小矛盾，那是很正常的事，不過在處理這些矛盾的時候，要注意方法，盡量不要讓你們之間的矛盾公開或激化。

辦公場所也是公共場所，儘管同事之間會因工作而產生一些小摩擦，不過千萬要理性處理摩擦事件，不要表現出盛氣凌人的樣子，非要和同事做個了斷、分個勝負。退一步講，就算你有理，要是你得理不饒人的話，同事也會對你敬而遠之的，覺得你是個不給同事餘地、不給他人面子的人，以後也會在心中時刻提防著你，這樣你可能會失去一大批同事的支持。此外，被你攻擊的同事，將會對你懷恨在心，你的職業生涯又多了一個「敵人」。

(8) 牢騷怨言要遠離嘴邊

不少人無論在什麼環境中工作，總是怒氣沖天、牢騷滿腹，逢人便大倒苦水，儘管偶爾間的一些推心置腹的訴苦可以構築出一點點辦公室友情的假象，不過嘮叨不停會讓周圍的同事苦不堪言。

也許你自己把發牢騷、倒苦水看做是與同事們真心交流的一種方式，但過度的牢騷怨言，會讓同事們感到既然你對目前工作如此不滿，為何不跳槽，去另謀高就呢？

(9) 同事之間不要有金錢往來

同事之間千萬不要有金錢往來，辦公室裡本來競爭就多，與同事有金錢上的往來，會增加過多的競爭。但如果遇到同事跟你借錢時就應妥善處理。

比如你剛進公司不久，就碰到同事前來向你借錢，金額還不小，面對這種矛盾，說不定你會深感困惑，不知如何是好。借給別人吧，自己薪資也不是很高，顯得有點心有餘而力不足。不借吧，又怕得罪了他，影響了日後彼此的關係。怎麼辦呢？這時，你會左右為難。其實，你最好明確的拒絕他，並且誠懇的把自己的實際情況講給他聽，只要他是個通情達理的人，就會理解你。如果你將錢借給他了，而他遲遲不還，那你應該直接開口向他要，因為，他也許已經忘記了。同樣的原因，你也不要隨便向他人借錢。如果你不得已借了，則應該及時還給人家；不然，就會在同事中留下不好的印象。

(10) 不私下向上司爭寵

要是有人喜好巴結上司，想在上司面前爭寵的話，肯定會讓其他同事看不慣而影響同事之間的工作感情。要是真需要巴結上司的話，應盡量與多人相約一起去巴結上司。不要在私下做一些見不得人的小動作，讓同事懷疑你對友情的忠誠度，甚至還會懷疑你人格有問題。以後同事再和你相處時，就會下意識的提防你，因為他們會擔心平常對上司的抱怨會被你出賣，借著獻情報而爬上上司位子。一旦你被發現出賣了同事的話，那麼同事之間的關係也將惡化，就連其他想和你共處的人都不敢再靠近你。因此，不私下向上司爭寵，也是確保同事之間和平共處的方式之一。

在職場中，要做好人際關係也要有「心機」，還要懂規矩。

上司是你的職場貴人

　　上司是公司的核心人物，是你職場上的貴人，如果你跟上司的關係處理好了，你工作起來也會順心，升遷前途也是可能的。因此，與上司處好關係要講些「心機」，玩些手腕也是不可少的。下列幾點可供參考：

（1）讀懂上司

　　對上司的背景、工作習慣、奮鬥目標及其喜歡什麼、討厭什麼等等瞭若指掌，你才能投其所好。

　　如果他愛好體育，那麼在他喜歡的球隊剛剛失利後，你去請求他解決重要問題，那就是失策。一個精明強幹的上司欣賞的是能深刻的了解他，並知道他的願望和情緒的下屬。

（2）傾聽

　　我們與上司交談時，往往是緊張的注意著他對自己的態度是褒是貶，構思自己應做的反應，而沒有真正聽清上司所談的問題，並去理解他的話裡蘊含的暗示。這樣，我們其實並不能真正理解上司的意圖，明智的做出反應。

　　怎樣改變這一點呢？當上司講話的時候，要排除一切使你緊張的意念，專心聆聽。眼睛注視著他，不要呆呆的埋著頭，必要時做一點記錄。他講完以後，你可以稍思片刻，也可問一兩個問題，真正弄懂其意圖。然後概括一下上司的談話內容，表示你已明白了他的意見。切記，上司不喜歡那種思維遲鈍、需要反覆叮囑的人。

(3) 溝通要簡潔

時間就是生命，是管理者最寶貴的財富。說話簡單明瞭，做事簡潔俐落，是工作人員的基本素養。簡潔，就是有所選擇、直截了當、十分清晰的向上司報告和說明。

準備記錄是個好辦法。使上司在較短的時間內，明白你報告的全部內容。如果必須提交一份詳細報告，那最好就在文章前面搞一個內容提要。有影響的報告不僅反映你的寫作水準，還反映你的思考能力，所以動筆之前必須深思熟慮。

(4) 提建議要講戰術

如果你要提出一個方案，就要認真的整理你的論據和理由，盡可能擺出它的優勢，使上司容易接受。如果能提出多種方案供他選擇，更是一個好辦法。你可以舉出各種方案的利弊，供他權衡。

不要直接否定上司提出的建議。他可能從某種角度看問題，看到某些可取之處，也可能沒徵求你的意見。如果你認為不合適，最好用提問的方式，表示你的異議。如果你的觀點基於某些他不知道的資料或情況，效果將會更佳。

別怕向上司提供壞消息，當然要注意時間、地點、場合、方法。

(5) 把工作做好

把工作做好是提升你在老闆心目中地位的一項重要籌碼，如果你的工作做不好，你再討好上司也不能讓他傾心於你。只有你把自己分內的工作做好，運用你的工作技能、打開工作的局面，做出好的業績來就會輕而易舉的

提高你在上司心目中的地位。

（6）維護上司的形象

良好的形象是上司經營管理的必要因素。維護上司的形象也就是維護上司的領導權威和人格尊嚴。你應常向他介紹新的資訊，使他掌握自己工作領域的動態和現狀。不過，這一切應在開會之前向他彙報，讓他在會上談出來，而不是由你在開會時大聲炫耀。

（7）積極工作

成功的領導者希望下屬和他一樣，都是樂觀主義者。有經驗的下屬很少使用「困難」、「危機」、「挫折」等詞語，他把困難的境況稱為「挑戰」，並制訂出計畫以切實的行動迎接挑戰。

在上司面前談及你的同事時，要著眼於他們的長處，而不是短處。否則將會影響你在人際關係方面的聲譽。

（8）信守諾言

上司最討厭的是不可靠，沒有信譽的人。如果你承諾的一項工作沒兌現，他就會懷疑你是否能守信用。如果工作中你確實難以勝任時，要盡快向他說明。雖然他會有暫時的不快，但是要比到最後失望時產生的不滿要好得多。

（9）與上司要保持一定的距離

你與上司在公司中的地位是不同的，要保持一定的距離。不要使關係過

度密切,以致捲入他的私人生活之中。過度親密的關係,容易使他感到互相平等,這是冒險的舉動。因為不同尋常的關係,會使上司過度的要求你,也會導致同事們的猜測,可能還有人暗中與你做對。

與上司保持良好的關係,是與你富有創造性、富有成效的工作相一致的。你能盡職盡責,就是為上司做了最好的事情。

與上司保持良好關係,你等於找到了一個貴人。

下屬是你的左膀右臂

在工作中,上司與下屬只有職位上的差異,人格上都是平等的。在員工及下屬面前,上司只是一個領頭帶班而已,並沒有什麼是值得我們炫耀和得意的。幫助下屬,其實是幫助自己,上級只有走進「群眾」中去,用心聆聽他們的需求,和睦相處,員工們的積極性才能發揮得越好,工作也就會完成得越出色。以下幾點可供參考:

(1) 重視下屬,培養歸屬感

下屬工作的目的之一是為了獲得經濟報酬,二是為了滿足精神需求。隨著經濟的發展,人們物質生活水準的提高,精神需要的滿足對下屬來說變得越來越重要。作為上司,這時一定要清楚的認識到下屬需要什麼。受傳統文化及計畫體制的影響,員工的人格帶有明顯的歸屬性,他們希望被組織、上司關懷,希望有一個良好的人際環境,更希望自己的願望能夠在工作公司得以實現。下屬如果能感覺到上司的認可、接納和關心,就會把自己作為大家庭的一員。如果下屬都能找到歸屬感,群體的凝聚力就會大大增強,上司的

影響力也會明顯提升。

　　下屬經常是從非常細微之處感受自己是否被上司接納的。比如：上司是否能熱情的和下屬打招呼，是否能在餐廳裡和下屬同桌進餐，是否過問下屬的學習生活，是否偶爾也談談自己的興趣愛好、快樂與煩惱，工作上是否經常聽聽下屬的看法。這些看似簡單的事情，卻能產生極大的心理效應，如果答案是肯定的，下屬就會感到自己是群體裡的一員，是被重視的，從而自覺的把群體的目標當作自己的目標，從而促進群體目標的實現。

（2）讚美下屬

　　讚美是任何人都希望得到的精神享受，不論能力強弱，也不論職位高低，下屬都希望聽到上司的讚美。讚美有著巨大的鼓舞力量。園藝家路瑟・柏班克以熱忱的口吻對花卉和盆栽說話，受到讚美的植物，比它的同伴長得更快、更好。在工作中，下屬能否得到上司的讚美，往往是他衡量自身價值的尺度。獲得上司的讚美，下屬就會感到自己是重要的、有價值的，從而產生更強的敬業感和責任感。美國哈佛大學心理學教授史金納的強化理論認為，人的行為是否重複發生，很大程度上取決於行為的結果。那些能產生積極或令人滿意的結果的行為，以後會經常得到重複。相反，那些會導致消極或令人不滿意結果的行為，以後得到重複的可能性很小。

　　上司如果能注意到下屬的哪怕是點滴的進步、良好的行為並加以表揚，這種行為就會得以強化，以後會重複發生；如果上司對下屬的有效行為視而不見，這種行為就可能漸漸減弱直至消失。讚美是人際關係中最有效的潤滑劑，是上司與下屬情感溝通的紐帶。上司對下屬的認同和讚美，必將獲得下屬的信任友誼，從而增進彼此的理解與合作，上司的影響力也會在不知不覺

中得以提升。

（3）賞識下屬

賞識比讚美具有更深刻的內涵，賞識包含著上司對下屬人格、工作能力等的信任而生發的對下屬的無限期望，期望下屬有更出色的表現，承擔更有挑戰性的工作，負更多的責任，這無疑會對下屬產生極大的激勵作用。上司的賞識就是一種期待，上司期待下屬做出怎樣的行為，如果這種期待能讓下屬清晰的感覺到，下屬就會努力實現上司的期待。

上司的態度、評價會比一般同事對下屬的認知產生更大的影響。當上司對下屬寄予期望，認為下屬有更大的潛力和發展空間時，下屬不僅將其看成是一般的讚美而滿足，還會認為自己真正有能力，能夠做得更好，從而激發出無限的成就動機。賞識激發出的成就欲不僅能真正確立上司在下屬心目中的地位，融洽上下級關係，還會使下屬工作充滿生機，提高工作效率。

幫助下屬，其實是幫助自己。

同事是你最近的人

辦公室中，同事之間存在著合作與競爭的矛盾，在對立和統一中彼此之間的關係變得十分微妙而複雜。同事之間在利益上競爭，在工作中合作，既不能相互冒犯，相互干預；也不能相互漠視，相互拆台；或者只顧自己，不顧他人。同事之間各有各的一攤工作，既相互獨立，又相互依賴，沒有人能獨自成功。但在利益競爭上又表現得非常激烈，互相猜忌、嫉妒、排擠，甚至讒言的現象司空見慣，其實與同事相處是一門學問，那麼在同一個公司，

或者就在一個辦公室，如何跟同事做好關係呢？

（1）進出互相告知

你請假不上班，或即使臨時出去半個小時，應該與同事打個招呼。這樣，倘若上司或熟人來找，可以讓同事有個交代。如果你什麼也不願說，進進出出神祕兮兮的，受到影響的恐怕還是自己。互相告知，表明雙方互有的尊重與信任。

（2）說可以說的私事

有些私事不能說，但有些私事說說也沒有什麼壞處。比如你的男朋友或女朋友的工作公司、學歷、年齡及性格脾氣等；如果你結了婚，有了孩子，就有關於愛人和孩子方面的話題。在工作之餘，都可以順便聊聊，它可以增進了解，信任是建立在相互了解的基礎之上的。

（3）有事多向同事求助

輕易不求人，這是對的。但有時求助別人反而能表明你對別人的信賴，能融洽關係。比如你身體不好，你同事的愛人是醫生，你可以透過同事的介紹去找，以求更好的得到解決。倘若你偏不肯求助，同事知道了，反而會覺得你不信任人家。你不願求人家，人家也就不好意思求你；你怕給別人添麻煩，人家就以為你也很怕麻煩。良好的人際關係是以互相幫助為前提的。當然，求助要講究分寸，盡量不要使人家為難。

(4) 有好事要及時通報

公司裡發物品、領獎金等，你先知道了，一聲不響的坐在那裡，像沒事的人似的。這樣幾次下來，別人自然會有想法，覺得你太不合群，缺乏共同意識和協作精神。以後有這類好事，也就有可能不告訴你，如此下去，彼此的關係就不會和諧了。

(5) 在辦公室裡不要有小團體之分

大家一起工作，共事久了，肯定會和同事間關係有疏密之分。但是切不要將親密關係在辦公室裡張揚，如小聲交頭接耳，突然哈哈大笑，做事你我不分等，都會惹來別人的反感。這樣的關係可以帶到休閒時間或辦公室以外。

(6) 和同事有矛盾不要公開爭吵

辦公室是辦公場所，雖然人和人相處總會有摩擦，但是切記要理性處理，不要盛氣凌人，非得爭個你死我活才肯罷手。就算你贏了，大家也會對你另眼相看，覺得你是個不給朋友留餘地，不尊重他人面子的同事，以後也會在心底防著你，於是你會失去真正的朋友。而且被你損了尊嚴的同事，也會對你記恨在心，你就多了一個敵人。

(7) 不做辦公室長舌婦

對工作上的意見或是私人生活上的事四處散播，或是添油加醋的在別人背後說三道四，會影響同事間的友好。就算是自己性子直，喜歡和同事交朋友，說真話，但是有些很小的事情一傳十、十傳百，到最後被傳出去的根本

不是你的初衷，甚至會毀壞你和同事的形象。

（8）得意不忘形

因為工作出色或者接了大業務被老闆表揚升遷，不要自己在老闆沒有宣布的情況下就在辦公室裡飄飄然四下招搖或故作神祕的向關係好的同事細訴，傳開來後，肯定招人嫉妒。又或者你因為工作失誤，被批評受罰，於是訴說老闆的種種不是，還要牽出同事某某也這樣怎麼不罰，這樣不僅會惹老闆厭煩，同事惱怒，你更會被調離或降職。

做好同事關係要玩點「心計」。

遠離辦公室戀情

一兩句笑話，三四次擦身，再加五六次共同加班，就這樣攪動了格子間曖昧情懷的一池春水。辦公室 —— 一個提到愛情就過敏的地方，卻最容易滋生愛的細胞。相逢必定有緣，忙碌上班族們的愛情，在辦公室狹小的空間裡，滋養生長。

辦公室戀情有「近水樓台」的方便，就像初戀總是萌芽於同學之間，一樣的日久生情，一樣的朝夕相處，同事之間的辦公室愛情，不可避免。也許在進退維谷和左右為難中的愛情，才是真正的愛情。否則我們很難解釋，為什麼有那麼多聰明的男男女女，會義無反顧的投入到辦公室戀情的危險漩渦之中。

為什麼說辦公室戀情是個危險的漩渦呢？因為辦公室戀情容易受到人們的質疑，首先，在工作中所堅持的「公平、公正、客觀」的態度和觀點，很

可能會在兩人的私人關係中遭到人們的質疑。其次，如果兩人的愛情最終以分手告終，不僅會影響到公司的運作，往往也會影響個人的工作與事業前途。而且辦公室裡每天還要碰頭，那多尷尬啊，畢竟兩人曾經那麼的親密無間過。再次，也許每個人都會以為自己可以不受私情影響，絕對可以做到公私分明。不過，到了那個時候，戀情是否真的會影響工作、精神與做事能力，通常變得已經不重要了。重要的是，周圍的同事與上司究竟如何看待這件事，因為，人們總是把自己認定的主觀標準當成事實。

最後，很多辦公室戀情即使有情人終成眷屬，大多數情況下也總有其中一人不得不為愛情捲鋪蓋走人。跟同事或下屬結婚的樂趣又在哪裡呢？難道是貪圖一起住省房租？現在輪到你分不清這是在拍拖還是在上班，晚上回到家不光見到的是同一張臉，而且談論的還是相同的話題。你會不會有一種永遠都在上班的感覺？服務於不同部門八竿子打不著的還好些，若同在一個部門裡，或許會變得連聊八卦的樂趣都沒有了吧！

其實，對於辦公室戀情古人早有所勸說。「兔子不吃窩邊草」就是告誡我們眼前長著那麼一片青青綠綠的草，是一件讓人賞心悅目的事，一旦有一天你把它吞進肚子裡，咀嚼過程可能是滿口生香，但咀嚼過後，你的眼前沒有美景可欣賞了，同時也多了一雙眼睛，讓你失去本應擁有的自由，不可怕嗎？再說了，距離產生美，辦公室戀情一旦成功，兩個人 24 小時面對面，難道不煩嗎？好感需要距離來保持，天天抬頭不見低頭見，對方的缺點也越看越明白，如此便會加速好感的流失。

最為重要的是，辦公室是一個充滿競爭與利益的地方，它不像其他地方，在一個強調級層和地位的環境中，男女戀情絕對是危險的。人際關係專家曾經鄭重的提出警告說：「辦公室戀情比辦公室政治更需要高明的技巧、冷

189

靜的頭腦，否則無法潔身自好。」

　　當然了，辦公室戀情經久不衰，也自有它的道理。我們最容易喜歡什麼樣的人？如果從心理學的角度解釋，就是那些被我們熟悉的、與我們相似或互補的、漂亮或有才能的人。芸芸眾生中，同事最符合以上標準。你們為同一個目標奮鬥，在同一個屋簷下打拼，與同一個上司周旋，和相同的敵人奮戰。在彼此熟悉的人當中，我們總喜歡那些與我們相似或互補的人 —— 互補實質上是一種高度的相似。誰會不喜歡與自己相似的人呢？喜歡與自己相似的人就等於在肯定和喜愛自己，更不用提相互之間會擁有的那份默契和坦白。再說了，在工作中有更多機會觀察自己的心儀對象，能夠最準確的了解壓力之下他的第一反應：他是一個愛乾淨的人，還是一個易怒的人？是一個古板的學者，還是一個心胸狹窄的小人？這一切都因為工作便利而變得可以瞭若指掌。

　　辦公室是辦公的地方，不是男女談情說愛的地方。

做好上下級的溝通

　　我們以個性為中心來與人交往，但不可以以自私的心態去要求他人；這一點，應該隨時警覺，因為交往的目的在於溝通。

　　美國金融家、總統顧問伯納德・巴魯克曾經說過：「表達思想的能力和所要表達的思想內容同等重要。」溝通是一種能力，也常常被人們稱之為一種藝術，能否掌握這門藝術對於一個人的成功具有重大影響，溝通的意義遠比人們想像的重要得多。

有這樣一個故事：

有一個秀才去買柴，他對賣柴的人說：「荷薪者過來！」賣柴的人聽不懂「荷薪者」三個字，但是聽得懂「過來」兩個字，於是把柴擔到秀才前面。

秀才問他：「其價如何？」賣柴的人聽不太懂這句話，但是聽得懂「價」這個字，於是，就告訴秀才價錢。

秀才接著說「外實而內虛，煙多而焰少，請損之。」賣柴的人因為聽不懂秀才文謅謅的話，於是擔著柴走了。

在生活中，如果你不能有效溝通，就會像上述小故事中的秀才那樣，儘管飽讀詩書，卻買不來一擔柴。在工作中，如果你不能有效溝通，你就難以贏得了解和支持，更談不上發展了。

溝通能力是職場人必須具備的能力之一，它通常被認為是其他所有職業技能的基礎，是現代職場人士成功的必要條件。一個職場人士成功的因素75% 靠溝通，25% 靠能力。學習溝通技巧，將使你在職場上得心應手、游刃自如。

對於領導者、管理者而言，溝通的能力顯得比一般員工更加重要。美國加州參議員黛安·範斯坦也指出：「一個人的領導才能，90% 展現在他與人溝通的能力上。」因此，每個職場人都應當學習和鍛鍊溝通技巧，以提升自己的溝通能力。

提升溝通能力，主要從兩方面入手：一是提高理解別人的能力；二是增加別人理解自己的可能性。那麼，究竟怎樣才能提高自己的溝通能力呢？心理學家們經過研究，提出了下列溝通的方法和技巧。

（1）明確溝通對象

　　這一步很重要。你可以認真的想一想，在你的工作和生活中，你可能會在哪些情境中與人溝通，比如家庭、工作公司、聚會以及日常的各種與人打交道的情境。想一想，你都需要與哪些人溝通，比如配偶、親戚、父母、朋友、同學、上司、鄰居、陌生人等等。開列清單的目的是首先弄清楚自己的溝通範圍和對象，以便全面的提升自己的溝通能力。

（2）改善溝通狀況

　　明確好自己的溝通情境和對象之後，可以問自己下面幾個問題，了解自己該從哪些方面去改善自己的溝通狀況：

　　對哪些情境的溝通感到愉快？

　　對哪些情境的溝通感到有心理壓力？

　　最願意與誰保持溝通？

　　最不喜歡與誰溝通？

　　是否經常與多數人保持愉快的溝通？

　　是否常感到自己的意思沒有說清楚？

　　是否常誤解別人，事後才發覺自己錯了？

　　是否與朋友保持經常性聯繫？

　　是否經常懶得給人發 LINE 訊息或打電話？

　　客觀、認真的回答上述問題，有助於你了解自己在哪些情境中、與哪些人的溝通狀況較為理想，在哪些情境中、與哪些人的溝通需要著力改善。

(3) 優化溝通方式

在這一步中，我們可以透過下面幾個問題看一看自己的溝通方式存在哪些需要改善的地方：

通常情況下，自己是主動與別人溝通還是被動溝通？

在與別人溝通時，自己的注意力是否集中？

在表達自己的意圖時，資訊是否充分？

主動溝通者與被動溝通者的溝通狀況往往有明顯差異。研究表明，主動溝通者更容易與別人建立並維持廣泛的人際關係，更可能在人際社交中獲得成功。

溝通時保持高度的注意力，有助於了解對方的心理狀態，並能夠較好的根據回饋來調節自己的溝通過程。沒有人喜歡自己的談話對象總是左顧右盼、心不在焉。

在表達自己的意圖時，一定要注意使自己被人充分理解。溝通時的言語、動作等資訊如果不充分，則不能明確的表達自己的意思；如果資訊過多，出現冗餘，也會引起資訊接受方的不舒服。最常見的例子就是，你一不小心踩了別人的腳，那麼一聲「對不起」就足以表達你的歉意，如果你還繼續說：「我實在不是有意的，別人擠了我一下，我又不知怎的就站不穩了……」這樣囉嗦反倒令人反感。因此，資訊充分而又無冗餘是最佳的溝通方式。

(4) 做好計畫與控制

透過上面幾個步驟，你可以發現自己在哪些方面存在不足，從而確定在哪些方面重點改進。比如：溝通範圍狹窄，則需要擴大溝通範圍；忽略了與

友人的聯繫，則需發簡訊、打電話、發電子郵件、通訊軟體聊天等；溝通主動性不夠，則需要積極主動的與人溝通等等。把這些製成一個循序漸進的溝通計畫，然後把自己的計畫付諸行動，展現在具體的生活小事中。比如：覺得自己的溝通範圍狹窄，主動性不夠，你可以規定自己每週與兩個素不相識的人打招呼，具體如問路，聊聊天氣等。不必害羞，沒有人會取笑你的主動，相反，對方可能還會欣賞你的勇氣呢！

在制訂和執行計畫時，要注意小目標原則，即不要對自己提出太高的要求，以免實現不了，反而挫傷自己的積極性。小要求實現並鞏固之後，再對自己提出更高的要求。

任何行為如果控制不好，就可能適得其反。因此，如果要提高自己的溝通能力，最好是自己對自己進行監督，比如用日記、圖表記載自己的發展狀況，並評價與分析自己的感受。

另外，我們在執行計畫時要對自己充滿信心，堅信自己能夠不斷提高水準和能力。一個人能夠做的，比他已經做的和相信自己能夠做的要多得多。

一個人的溝通能力不佳，那他的其他能力也會受到影響，他的工作就難以得到周圍人的了解、認同和支援，很多情況下，還會影響正常工作的進展。

提升合作能力，把自己融進去

員工除了應具備優秀的專業技能以外，還要具備優秀的團隊合作能力，這種合作能力，有時甚至比專業知識更加重要。

一家有影響的公司招聘高層管理人員，9名優秀應聘者經過初試，從上百人中脫穎而出，負責招聘的主考官，給大家出了最後一道題做為最後一次把關考核。

他們把這9個人隨機分成甲、乙、丙三組，指定甲組的3個人去調查本市區嬰兒用品市場，乙組的3個人調查婦女用品市場，丙組的3個人調查老年人用品市場。

不久後，這9個人都把各自的市場分析報告交給了主考官。主考官看完後，站起身來，走向丙組的3個人，分別與之一一握手，並祝賀道：「恭喜你們！被本公司錄取了！」然後，主考官把三組的分析報告拿了出來讓大家過目：甲乙兩組的分析報告分別是本市嬰兒和婦女的用品市場過去、現在和將來的分析，而丙組卻另有特色，他們互相借用了對方的資料，補全了自己的分析報告，讓這個報告更完美。

最後，主考官總結說：「從甲、乙兩組報告看出，他們是分別行事，拋開隊友，自己做自己的，沒有團隊合作精神，這是我們公司不需要的。我們公司更重視員工的合作能力，要知道，團隊合作精神才是現代企業成功的保證！」

從上面的故事中，我們不難看出團隊精神是非常的重要，那麼我們如何培養合作能力呢？以下幾個方面可做參考：

(1) 尋找團隊積極的特質

在一個團隊中，每個成員的優缺點都不盡相同。你要主動去尋找團隊成員中積極的特質，學習它，並克服你自己的缺點和消極特質，讓它在團隊合作中被弱化甚至被消滅。

195

團隊的氣氛並不是取決於某一個人的特質，而來自於多數和優勢的特質。只要去尋找積極特質，那麼這種優秀特質是可以潛移默化，感染到團隊中的每一個人的。那麼團隊的協作就會變得很順暢，工作效率就會提高。

（2）尊重並欣賞你的團隊夥伴

每個人都有被別人重視的需要，那些具有創造性思維的知識型員工更是如此。有時一句小小的鼓勵和讚許，就可以使他釋放出無限的工作熱情。

（3）時常檢查自己的缺點

你要時常檢查一下自己的缺點，比如：態度還是不是那麼冷漠，言辭還是不是那麼鋒利。在單打獨鬥時，這些缺點的劣勢可能還沒有那麼明顯，但在團隊合作中，它會成為你進一步成長的障礙。

團隊工作需要成員的相互磨合，如果你固執己見，無法聽取他人的意見，或無法和他人達成一致，團隊的工作就無法進行下去。團隊的效率在於配合的默契，如果達不成這種默契，團隊合作就不可能成功的。

如果你能時常檢查自己的缺點，就會發現很多問題，那麼不妨將它坦誠的講出來，承認自己的缺點，讓大家共同幫助你改進，這是最有效的方法。

（4）要培養親和力

你的工作需要得到大家的支援和認可，而不是反對，所以你要培養自己的親和力，讓大家能接近你。但一個人又如何培養自己的親和力呢？除了和大家一起工作外，你還要盡量和大家一起去參加各種活動，還要關心大家的生活。總之，你要使大家覺得，你不僅是他們的好同事，還是他們的

好朋友。

（5）要謙虛低調

任何人都不喜歡驕傲自大的人，這種人在團隊合作中也不會被大家認可。你可能會覺得自己在某個方面比其他人強，但這並不足以成為你可以驕傲的資本。因為團隊中的任何一位成員，都可能是某個領域的專家，所以你必須保持足夠的謙虛。將自己的注意力放在他人的強項上，只有這樣，你才能看到自己的膚淺和無知。

一個優秀團隊的凝聚力是不容忽視的，沒有一個企業希望自己的員工是一盤散沙，個個都好單打獨鬥。團隊精神是現代企業成功的必要條件之一。能夠與同事友好合作，以團隊利益至上，就能夠把你獨特的優勢在工作中淋漓盡致的展現出來，也自然能夠引起老闆的關心，否則很難在現代職場立足，因為「獨行俠」時代已經一去不復返了。

團隊合作能力也是一種工作能力。

第八章

努力工作，但不要拚命

　　努力工作，但不是要你去拚命。成功是我們的願望，為社會做貢獻是我們的責任，但健康更是我們的一生的追求，不要為了擔當過重的事業，不要為了一昧成功而本末倒置，到頭來再次重演「壯志未酬身先死，常使英雄淚滿襟」的遺憾人生。

健康第一，工作第二

健康的身體是一切的根本，它可以幫助你擁有想要擁有的東西，一旦失去健康，你所辛苦努力得到的一切，便會在瞬間失去了意義。擁有健康不等於擁有一切，但失去健康就會失去一切。

俗話說：預防勝於治療。對自己的健康負責，就是對工作負責，對自己和家人負責，既為自己減輕痛苦，也為社會、家人減輕負擔。

工作與健康密不可分，當你走向成功時，要把什麼東西放在首位呢？要把健康放在首位。因為健康是工作的基礎。離開了健康，事業的擔當就不復存在。人們追求幸福，擔當責任都離不開健康身體的承載。你只有把握住健康，你才能獲得真正的成功。

石油大王洛克菲勒退休後，他確定的主要目標就是保持健康的身體和心理，爭取長壽，贏得同胞的尊敬。健康對每個人的擔當事業與家庭幸福的責任都是至關重要的，當健康離你而去時，一切也會離你而去。其實，我們每個人都嚮往著成功，嚮往著快樂的家庭，但我們應時刻記住，不管發生什麼事，我們都不應忽視自己的健康，沒了健康，我們便會失去一切。

曾經有位醫生在替一位企業家進行診療時，勸他多多休息。這位病人憤怒的抗議說：「我每天承擔巨大的工作量，沒有一個人可以分擔一丁點的業務。醫生，您知道嗎？我每天都得提一個沉重的手提包回家，裡面裝的是滿滿的文件呀！」

「為什麼晚上還要批那麼多文件呢？」醫生訝異的問道。

「那些都是必須處理的急件。」病人不耐煩的回答。

「難道沒有人可以幫你忙嗎？助手呢？」醫生問。

「不行呀！只有我才能正確的批示呀！而且我還必須盡快處理完，要不然公司怎麼辦呢？」

「這樣吧！現在我開一個處方給你，你能否照著做呢？」醫生有所決定的說道，「讀一讀處方的規定 —— 每天散步兩小時；每星期空出半天的時間到墓地一趟」。

病人怪異的問道：「為什麼要在墓地待上半天呢？」

「因為……」醫生不慌不忙的回答：「我是希望你四處走一走，瞧一瞧那些與世長辭的人的墓碑。你仔細思考一下，他們生前也與你一樣，認為全世界的事都得扛在雙肩，如今他們全都永眠於黃土之中，也許將來有一天你也會加入他們的行列，然而整個地球的活動還是永恆不斷的進行著，而其他世人則仍是如你一般繼續工作。我建議你站在墓碑前好好的想一想這些擺在眼前的事實。」

醫生這番苦口婆心的勸諫終於敲醒了病人的心靈，他依照醫生的指示，釋緩打拚事業的步調，並且轉移一部分職責。他知道生命的真義不在急躁或焦慮，他的心已經得到平和，也可以說他比以前活得更好，事業也蒸蒸日上。

「壯志未酬身先死，常使英雄淚滿襟」。從古至今有多少有識之士，雖抱有遠大的志向，卻因身體的羸弱壯志難酬而痛苦不已。因此，一個人無論從事何種職業，擔當多大的責任，我們都不應去犧牲我們生命中最高貴、最美麗的東西，因為健康的身體是你實現夢想的載體。

不少偉大的企業家正是輕視了自己的身體，而重視了自己的事業責任而

演繹了一曲悲歌憾事。要知道一個人對社會貢獻越大，責任擔負的越重，而他的健康更應是屬於社會的。

健康是工作的基礎。離開了健康，事業的擔當就不復存在。一個人只要把握住了健康，才能獲得真正的成功。

疏緩壓力，不要讓它壓垮你

現代社會，隨著競爭越來越激烈，隨著工作任務的加重，我們的工作壓力也隨著倍增。因此，如何緩解工作壓力就成為職業者普遍需要解決的問題。以下的幾點可供參考：

（1）將工作留在辦公室

有人習慣於下班時將工作帶回家，其實，這是非常不好的習慣，最好的方式是在辦公期間完成。

（2）提前為下班做準備

在下班前清理一下自己的思路，考慮哪些工作是必須完成的，哪些工作能夠放在明天。這樣你心裡就有數了，從而減少工作之餘的擔心。

（3）將困難寫下來

如果在工作中的困難很多，或者一時找不到解決的辦法，最好將所遇到的困難或是壞情緒寫下來，然後再把那張紙撕碎。

（4）放鬆

當你感到壓力來臨的時候，要學會放鬆。下面幾個方法很有效，呼吸可以影響腦波的頻率，腦波的頻率可以影響心跳的速度，心跳的速度又可以影響肌肉鬆緊度。也就是說，當你轉換呼吸方式的時候，肌肉和情緒緊繃的狀態都會獲得改變，運用呼吸去讓自己放鬆。

（5）搓動雙手

你也可以自己練習搓動雙手，眼睛累了，用這個方法很有效，可以幫助整個人的氣血循環的回流，體力和精力可以很快恢復。

（6）運動

讓你整個人震動或舞動，很快就可以提起精神，最好每天要有規律性的運動，因為運動是緩解壓力最好的方法。

（7）睡眠

熬夜會製造更大的壓力，很多過勞死的案例，就是經常熬夜。身體的規律只要一被破壞，壓力就更難以抗拒。睡眠是非常好的減壓方法。但是，現代人普遍睡不好覺。臺灣根據 2018 年統計，每天靠安眠藥入睡的有近 200 萬人，睡覺是一門大學問。千萬記住，晚上睡覺不要把手壓在胸口，會作惡夢。也不要壓在腹部，會承受很大的壓力。最好的方法就是放在兩旁，手心朝上。睡眠品質越好，壓力釋放的速度越快。可是不要等全身非常累了再去睡，那樣很容易睡不著。很累還睡不好，表示肝已經嚴重受損。

（8）休息

休息和睡眠不同，休息是脫離原來的工作，轉換一個場景，去做和上班無關的事。

（9）飲食

不要吃高壓力的食物，有刺激性的食物都是高壓力食物，越吃這些食物，會使交感神經亢進，有時會刺激身體所有的功能處於警戒狀態。什麼是高壓力食物？可樂、汽水、咖啡、茶、酒精、肉製品，所有的肉，尤其是經過油處理的肉是壓力最大的。多吃蔬菜、水果、五穀雜糧，多喝水可以減輕壓力，喝好水可以釋放壓力。

（10）晒太陽

日光有治療的功效。很多憂鬱症患者都不愛晒太陽，平常多晒太陽，身體的抗體會增加。

正確應對工作壓力，讓自己工作起來更輕鬆。

做好預防工作，遠離電腦職業病

隨著科技的發展，電腦及手機成了工作上的主要幫手，當今電腦病及手機病逐漸成為危害人體健康的最大的職業病。電腦病及手機病從整體上可分成生理和心理兩類，生理方面有黃斑部病變、滑鼠手、鍵盤腕、頸腰椎病、肩背痛、皮膚病、癲癇等疾病；而心理方面可出現多種人格障礙；另外還有一些生理和心理兩方面兼有的病變，如螢幕臉、肥胖等。

下面我們簡單的談談電腦與現代職業病：

（1）視力下降

如果出現視覺模糊、視力下降、眼睛乾澀、發癢、疼痛和畏光等症狀，甚至伴有頭痛感，即可判斷為電腦眼病。這是由於長期使用電腦而引起的，當然，也是工作壓力過大而感到身心疲勞的反應。

1. 長時間注視螢幕不眨眼，會加劇眼睛的疲勞度。有些人在使用電腦和手機時為了盡量避免漏看內容，很少眨眼甚至不眨眼睛，這種習慣對眼睛是非常有害的，因為眨眼睛能使處於緊張狀態的水晶體和虹膜肌有一個換換位置的機會，從而達到潤滑眼睛的目的，以避免出現眼睛發癢、灼燒感或產生其他症狀。

2. 電腦使用者如果在黑色的螢幕上看綠色的字體，時間一久，便極有可能發生一種名叫「麥卡洛效應」的異常反應。雖然它對身體無害，但症狀可能會延續數天。而且這種視力效應會使白色的字母看上去略帶粉紅色，就連一張貼在白色牆壁上的白紙，也會看到其周圍有粉紅色的邊緣。

3. 顯示器的位置也很重要。如果螢幕擺放高度不合適，或者距離太近，會使電腦使用者工作時不太舒服的俯身，或者頭部保持一個極不自然的角度，這樣很容易引起頭昏、頸酸、肩膀痛或全身不適。保健專家認為，電腦操作是一個視力相當集中的工作，會減少眼內潤滑劑和酶的分泌。一般來說，如果人每分鐘眨眼少於 5 次，而且持續時間較長，便會使眼睛乾燥、疲勞，出現重影、視力模糊以及頭頸疼痛等症狀。
預防措施：

1. 在使用 40 分鐘電腦和手機後，應改做別的事情，最好看看遠方的景色或周圍的綠色植物，讓雙眼得到有效的休息。如果眼睛出現的毛病無法自然消失時，必須及時去醫院檢查、治療。

2. 電腦螢幕要放在合適的位置。最理想的位置是把螢幕的中心置於平視線下方約 20 度的地方，離眼睛的距離應保持在 35 ～ 40 公分之間，不能太近。此外，電腦不應放置在窗的對面或背面，因為在這些地方容易引起螢幕反光或不清晰，並且在使用電腦時盡可能避免或減少螢幕上炫目的光線。

3. 由於黑白反差過大會損害人的眼睛，所以，盡量避免在光線不足的環境中操作電腦和手機。

4. 坐的地方要舒適，盡量使用可以調整的靠背椅。

(2)「滑鼠手」

腕隧道症候群，俗稱「滑鼠手」，早期的表現為：手指和腕關節疲憊麻木，有的關節活動時還會發出輕微的響聲，外科專家認為，滑鼠比鍵盤更容易對手造成傷害，尤其是女性，其發生率是男性的 3 倍。

「滑鼠手」還只是局部症狀，如果滑鼠位置太高、太低或者太遠，都可能引發頸肩腕症候群。例如滑鼠的位置越高，對手腕的損傷也就越大；滑鼠距身體越遠，對肩的損傷也就越大。因此，滑鼠要放在合適的位置，在坐姿情況下，滑鼠的位置應與上臂與地面垂直時肘部的高度相等，鍵盤的位置也應該和這個位置差不多。然而，令人無奈的是，很多電腦桌都沒有滑鼠的專用位置，於是，滑鼠只好放在桌面上，這樣長期工作，對人的損害極大。同時，滑鼠和身體的距離也會因為滑鼠放在桌上而拉大，前臂將帶著上臂和肩

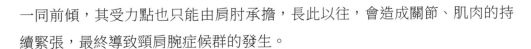

一同前傾，其受力點也只能由肩肘承擔，長此以往，會造成關節、肌肉的持續緊張，最終導致頸肩腕症候群的發生。

預防措施：

如果調整滑鼠位置很困難，可以把鍵盤和滑鼠都放到桌面上，然後把座椅升高到合適的位置，此時桌面相對降低，也就縮短了身體和桌面之間的距離。

用科學的方法放置滑鼠，會大大降低「滑鼠手」的發病機率，讓每一位常坐在電腦前的上班族輕鬆、愉快的做好自己的工作。

（3）鍵盤腕

人的腕關節向掌面屈曲的活動度約在 70～80 度之間，向手背部屈曲度約在 50～60 度之間。然而在使用鍵盤時，腕關節背曲度約達到 45～55 度，此時腕關節幾乎是處於最大的屈曲角度。這樣就會牽拉腕管內的肌腱使其處於高張力狀態，再加上手掌根部支撐在桌面上壓迫腕管，在這種狀態下，手指的反覆運動容易使肌腱、神經來回摩擦，導致慢性損傷、炎症水腫，繼而引起大拇指、食指、中指出現疼痛、麻木、腫脹等，還可能出現腕關節腫脹，手部精細動作不靈活、無力等症狀。

腕管疾病多見於長期使用滑鼠或鍵盤者，患者可感到小指乃至全手脹痛和灼痛，甚至造成手部肌肉萎縮無力，手指不能分開，握拳無力，無名指和小指呈雞爪形。其實，這種損傷是由於使用滑鼠和鍵盤的姿勢不正確、不合邏輯造成的。

長期採用不科學的姿勢使用電腦，往往會損傷腕關節盤。腕部的關節盤主要在小指一側，我們使用滑鼠、鍵盤時，腕部常處於掌面向下、背曲的姿

勢，這時，關節盤就被擠壓在關節面之間，手腕的移動還會研磨關節盤並施以很大的壓力，從而造成關節盤的損傷。腕部小指側酸脹、腫痛、無力，握力減退，腕部旋轉時可聽到響聲等，都是常見的症狀。

此外，過度操作電腦會損傷肌腱，引發無菌性炎症，導致食指與中指產生肌腱炎、腱鞘炎、肘部屈肌或伸肌肌腱炎等。

預防措施：

如果手腕損傷，休息是最好的治療方法，必要時可用石膏或低溫熱塑夾板將手腕、手掌、手指固定在伸直位或功能位，局部還可注射藥物或用理療消除炎症、修復損傷等。

如果症狀較為嚴重，千萬不能用熱療，否則，不但不能治癒，反而還會加重症狀。此時可以用冰敷等冷療方法，必要時還應施行手術治療。如果處理不當或不及時，病情就會進一步加重，甚至會演變成交感神經營養不良症候群等非常難以治療的疾病，嚴重時還可能造成終身傷殘。

（4）螢幕臉

經常使用電腦的人，由於長時間面對電腦螢幕，不知不覺中會生出一張表情淡漠的「螢幕臉」，而且容易產生人格障礙與性格異常。

（5）電腦猝死症

對現代人來說，電腦和手機已經成為工作、生活中的一部分，但生活在 E 時代、M 時代的你，是否想過有一天電腦和手機竟會奪去你的生命？紐西蘭科學家指出，長時間坐在電腦前一動不動的操作，就如同搭乘坐遠距離航班一樣可能導致血栓，甚至危及生命。

有一名 IT 工作者因長時間坐在電腦前而造成死亡。醫學研究中心的專家們就此問題進行了研究，並發表研究報告，在報告中，專家引用了這個猝死病例。這位 32 歲的男子平均每天要在電腦前坐上 12 個小時，偶爾會高達 18 個小時。「他通常會坐上 2 個小時不起來，有時一動不動的時間長達 6 小時。」報告說，「他最初的症狀只是小腿腫脹，不過 10 天後症狀就消失了。在接下來幾週裡，每當用力的時候，他就會感到呼吸困難。」最終，該男子猝死於電腦前。

專家分析認為，造成這位男子猝死的原因是他腿部的血管內形成了一個大血栓，血栓脫落後形成的小血塊堵塞了肺部血管。這種情況屬於「深部血管血栓形成」。也就是說，當血液在血管內的正常流動受阻形成血液凝塊時，實際上就形成了「深部血管血栓」。心臟病、中風、靜脈曲張或長期臥床也可能導致「深部血管血栓形成或栓塞」的發生。

其實，人類很早就對這種疾病有一定的認識與了解，例如乘坐遠端航班致死的原因與這種疾病的原理基本相同。人類第一例由於長時間坐著不動從而形成「深部血管血栓」的病例首次出現於第二次世界大戰中。當時許多倫敦人為躲避空襲，長時間坐在防空洞內的折疊椅上，有些人因此罹患了血栓病。

現代人熟悉「深部血管血栓」是從「經濟艙症候群」開始的。因為經濟艙內的座椅相對狹小，一些人在乘坐洲際航班進行長途飛行時無法經常活動腿腳，因此患上「經濟艙症候群」。但醫學專家稱，「經濟艙」並不是致病的主要原因。

事實上，如果長時間坐著不活動，任何座椅都會引發這種疾病。

預防措施：

專家說，對大多數人來說，都要經常活動腳趾和腳踝，多喝水，避免飲酒，至少每小時站起來舒展一下腿腳，就可以預防血栓的發生。有必要時，還可以服用一些有稀釋血液作用的阿司匹林以減少發病機率。

下肢靜脈曲張是由於缺乏活動，久而久之就會增加下肢靜脈的壓力，而長時間靜脈管腔擴張會引起靜脈瓣功能性關閉不全，最終發展成為器質性功能不全，導致下肢靜脈曲張。尤其是具有家族遺傳傾向或者先天性結締組織鬆弛的人，發生靜脈曲張的機率會更大，長期的血流淤滯很容易造成靜脈血栓。因此，有關學者建議，長期使用電腦的人應該多活動下肢。

(6) 頸椎病

對於經常從事電腦工作的人來說，工作時間內頭部幾乎都處於一個固定的狀態，這樣長期下去，極易引發一種類似於頸椎病的疾病，患者常會感到頸部與肩背痠痛，並伴有局部運動不便、沉重或疼痛的感覺，肩部或上肢還可能有麻木感，嚴重時會出現頭暈頭痛、眼花耳鳴、噁心甚至視力減退等症狀。不過，這些症狀並不是由某種疾病引起，而是因為長時間操作電腦而導致的。有的學者曾統計指出，人頭部的重量約在 5 ～ 10 公斤之間，長期工作，導致了頸、肩、背部肌肉緊張過度，使血液循環受阻，引起頸部和大腦供血不足，造成組織缺氧，而且代謝產生的乳酸又無法及時消除，所以，人們常常因此而患上伏案症候群，而一旦發病，患者就會感到肌肉疲勞、痠痛和活動不便，同時還會引起頭暈、眼花、耳鳴及噁心等症狀。

預防措施：

應該調整顯示器的桌面，選擇一張高度、硬度適合，而讓脊椎有適當支撐的椅子。盡量避免長時間伏案工作，每工作一段時間後，要改變姿勢，還

要做適當的伸展運動。

電腦族一定要做好預防措施，遠離電腦職業病。

保持正確的工作姿勢

職場人在工作時的姿勢也非常重要，如果你平時在工作中能保持正確的姿勢，不僅能強健你的背部、頸部與腹部的肌肉，而且還能增強身體的彈性和力量。

隨著時代的發展，人們的工作強度也隨之增加，更有不少人為了得到更好的生活，也為了創業成功而拚命的工作著。於是，他們常常加班到深夜，甚至徹夜不眠，或者連續幾個小時坐在電腦前操作，從不站起來活動一下已經痠麻的肩膀。他們認為，把工作做完後再休息一下就好了。但這些習慣都是不可取的，因為隨著時間的增加，長期錯誤的工作習慣所產生的疲勞，就會在你的體內演變成一種潛伏的疾病，久而久之，當這種潛伏的疾病由於身體內某一部分發生病變時，就會讓你遭遇意想不到的嚴重後果！

下面幾種習慣的工作姿勢一定要注意：

(1) 久坐不活動

對於廣大政府機關工作人員、公司職員、編輯、作家、司機、電腦族等需要久坐的工作人員來說，他們平均每天要坐上長達八個小時甚至更長的時間，這類人群往往都有一種通病，就是久坐不活動！這樣不僅僅會影響他們的用腦效率、心肺功能，還會對消化系統產生不良的影響，而且容易發生腰肌勞損、頸椎病、腰間盤突出、結腸癌、關節炎、頭痛、頭暈等疾病。

（2）長時間站立不坐

　　教師、售貨員、髮型師、導遊、飲食業從業人員及運輸業的服務人員等，均需要在工作期間長時間站立。但他們也有一種不良的習慣：長時間保持站立不坐，這樣往往會令下肢血液循環欠佳，導致下肢腫脹，甚至導致靜脈曲張。不當的站姿還會使腰椎過度彎曲而導致下背疼痛。

（3）長久蹲著或跪著工作而不變換姿勢

　　如農夫、園藝工作者、清潔工人、建築工人、汽車修理工及負責機械保養維修的工程師等，常需要蹲著或跪著工作。也許他們為了節省時間，想盡快去完成工作，於是從開始工作到完成任務，自始至終都保持著單一的姿勢去操作，這樣常常會造成身體的局部供血不足，引起肢體麻木，容易造成肌腱炎或背部受到傷害。

　　經研究得知，工作中長期一個姿勢的人，壽命都不長，其根本原因是這一人群缺乏健康知識，更與其工作規律有關。要改變這不良的傾向，就要明白自己工作的規律，懂得自我保健。以下幾點值得大家參考：

（1）長期保持站姿的工作的自我保健

　　如教師、售貨員、髮型師、飲食業的從業人員及運輸業的服務人員等，均需要在工作期間長時間站立。他們工作的活動度較大、活動範圍也不太固定。

　　但長時間保持站立不動，會令下肢血液循環欠佳，導致下肢腫脹，甚至導致靜脈曲張。不當的站姿還會使腰椎過度彎曲而導致下背疼痛。

　　這時你需要有一雙舒適的工作鞋，或考慮穿彈性襪。調整工作台至合適

的高度，盡量讓身體重心有移動的空間，最好可以找一個靠腳處，還要適當的坐一會來休息一下。

(2) 長期坐姿工作的自我保健

職業司機、公司員工、政府機關的工作人員及大部分辦公室上班族在工作時都以坐姿為主。由於坐著工作，不太容易疲勞，但由於坐的時間長，使得腰椎的椎間盤比站立時承受更多壓力，容易產生下背痛，長時間維持同一姿勢，造成肩臂及頸部疼痛不適，嚴重還會得頸椎病和腰椎病。

因此，應該選擇一張高度、硬度適合，而讓脊椎有適當支撐的椅子。盡量避免長時間伏案工作，手臂也不宜在沒有支撐的情況下長時間抬舉。每工作一段時間後，要改變姿勢，還要做適當的伸展運動。

(3) 長期蹲姿或跪姿工作的自我保健

農夫、園藝工作者、清潔工人、建築工人、汽車修理工及負責機械保養維修的工程師等，常需要蹲著或跪著工作。跪姿會令膝蓋前方局部受到壓力，容易造成滑囊炎或肌腱炎。膝蓋長期彎曲，會增加對關節的壓力和負荷。由於總是有彎腰動作，容易有背部傷害。要避免長時間保持同一姿勢，採取跪姿時，也盡量不要用膝蓋作為著力的支撐點，要學會適當的調換姿勢。

工作時，要學會調換姿勢，不要長期保持一個姿勢。

再忙也要健身

「生命在於運動」，這是法國思想家伏爾泰的一句名言。它道出了生命的奧祕，揭示了生命活動的一條規律。運動可以增強體質，促進人體新陳代謝，改變系統功能，提高人體對環境變化的適應能力。上班族要經常、適量的參加運動，有利於釋放工作壓力、預防職業病、提高工作績效。

從事記者工作的張小姐說：「我差不多每天都在採訪和寫作中忙碌，面對工作帶來的壓力，健身成了我最好的減壓方式。每天早上，我都是一身運動裝束，在鄉間小路或公路邊奔跑。「每天早晨運動一個半小時，跑上幾公里路，跑出一身汗，一整天都會感到神清氣爽。」每天不論工作多麼緊急，只要我感到思路不清、精神不佳時，就會放下手中的工作，擠出至少半小時的時間做至少一種運動，或爬樓梯，或舉啞鈴，或做幾個伏地挺身等等。做這些運動的時候，頭腦中什麼也不想，只一門心思的鍛鍊。半個小時後，精神又恢復到正常狀態。

古希臘有句名言：你想變得健康嗎？你就跑步吧；你想變得聰明嗎？你就跑步吧；你想變得美麗嗎？你就跑步吧。由此可見，運動是自然界一切動物生存之道，長壽之道。要想健康長壽就讓自己「動」起來。

有一個狼醫生的故事：

森林裡有狼有鹿，為了保護鹿，獵人就把狼消滅了，認為這樣就把鹿保住了。哪知道適得其反，幾年以後，鹿因為沒有狼，吃飽就躺在草地上休息晒太陽，結果鹿變得胖起來了，鹿成胖鹿，脂肪肝、冠心病、高血壓、自身疾病越來越多，結果鹿群越來越少，快要絕種了。怎麼辦？最好的辦法是把狼請回來，重新買了狼放在樹林裡，狼一來就吃鹿，鹿就得跑，狼追鹿跑，

214

在這樣的過程中，鹿鍛鍊了身體。所以離開運動的鹿死得更快，有了狼的追殺，鹿反而活得更好！自然界就是如此奇妙，就是在這麼互相競爭中，各自得到提升。

從以上故事中可以看出，運動是自然界一切動物生存之道，長壽之道，同樣，人也是如此，經常參加體育運動鍛鍊的人，壽命就長。這說明一個道理：運動是一切動物健康長壽之本。

生命在於運動。運動是人類身體健康的重要原因之一。古人曰：「動則不衰。」這就是說，只有活動起來，才能很好的保養生命，達到養生長壽的目的。

南宋愛國詩人陸游，一生勤於勞作，養生有道，86歲高齡，仍才思敏捷，揮筆自如。他非常重視做家事勞動，提倡掃地健身法：「一帚常在旁，有暇即掃地，既省課童奴，亦以平血氣，按摩與導引，雖善亦多事，不如掃地法，延年直差異。」陸游還有一種有趣的健身方式，就是每天和天真活潑的孩子們一同遊戲：「整書拂幾當閒嬉，時與兒孫竹馬騎，故此小勞君會否？戶樞流水即吾師。」

華佗是與張仲景同時的醫家，他繼承了先秦《呂氏春秋》中的動則不衰之說，從理論上進一步闡述了動形養生的道理，如《三國志·華佗傳》中載其論云：「人體欲得勞動，但不當使極爾，動搖則谷氣得消，血脈流通，病不得生，譬猶戶樞不朽是也」。

華佗對導引健身術十分重視，在繼承前人的基礎上，總結歸納為模仿虎、鷹、熊、狼、鳥五種動物動作的導引法，稱之為「五禽戲」。方法簡便，行之有效，大大促進了健身的發展。在實踐中，華佗首創「五禽戲」的運動方法，成為健身運動的先驅，繼後有孫思邈、王壽等提出了各種運動鍛鍊方

法。為運動產生發展做出了巨大貢獻。

古代用「流水不腐、戶樞不蠹」來比喻運動，常運動的人更年輕更健康。

馬拉松長跑運動員拉姆貝特，心臟功能和年輕人一樣，當他 82 歲時候，還能用不到兩小時跑完了 21 公里長的路程。他由於身體的新陳代謝良好，平時不怕冷，所以也很少感冒。

「生命在於運動」，這是法國思想家伏爾泰的一句名言，就是說要有一個健康的生命就必須堅持運動。早在 2400 年前醫學之父 —— 希波克拉底也說過：「陽光、空氣、水和運動是生命和健康的源泉。」這說明運動對於生命來說如同空氣、陽光、水一樣重要。我們可以從以下幾個方面來說明運動對身體健康的重要性：

（1）動以養形

《壽世保元》說：「養生之道，不欲食後便臥及終日穩坐，皆能凝結氣血，久則減壽。」說明運動能夠促進氣血暢達，增強抵禦病邪能力，提高生命力，故著名醫家張子和強調「唯以血氣流通為貴。」人體運動主要圍繞肩、腰、髖、膝、踝等關節來進行，且每一處關節部分布有若干肌群，經常運動，既能消除脂肪，又增強了肌肉的力量。此外，經常從事體能鍛鍊，還可提高青少年的身高和其他生理功能。

（2）運動能增強脾胃功能

華佗指出：「動搖則谷氣得消，血脈流通，病不得生。」說明運動有強健脾胃的功能，促進飲食的消化。而脾胃健旺，氣血生化之源充足，才能健康長壽。

(3) 運動能提高心臟功能

國外一家心臟病學研究所，曾對缺乏運動對身體影響作過一次試驗。他們把試驗對象分為試驗組與對照組，規定試驗對象連續 20 個晝夜躺在床上，不准坐起、站立或在床上運動。對照組也連續 20 個晝夜躺在床上，但允許每天在床上設置的專門器械上鍛鍊 4 次。當試驗進行了 3 ～ 5 天時，試驗組的人紛紛訴說背部肌肉酸痛、食慾不振，發生便祕；20 個晝夜過後，肌肉開始萎縮，肌力極度衰退，不少人從床上一站起來就頭暈目眩，心跳加速，脈搏細弱，血壓下降到危險程度，有的竟處於昏厥狀態，與試驗前對比，心臟功能平均下降 70%，起床後，連上樓這樣簡單活動幾乎都無法完成。

(4) 運動能增強肺功能

經常鍛鍊的人，胸圍呼吸差能達到 9 ～ 16 公分，而很少鍛鍊的人，胸圍呼吸差只有 5 ～ 8 公分；一般人的肺活量是 3,500 毫升左右，常鍛鍊的人，由於肺部彈性大大增加，呼吸肌力量也增大，故肺活量比常人大 1,000 毫升左右。此外，運動又可使呼吸加深，提高呼吸效率，常鍛鍊的人每分鐘可減為 8 ～ 12 次，而一般人為 12 ～ 16 次，其好處在於能使呼吸肌有較多的休息時間。一般人由於呼吸淺，每次呼吸量只有 300 毫升左右，而運動員則可達 600 毫升。還有，經常運動鍛鍊，又可增強抵抗力，適應氣候變化，從而有助於預防呼吸道疾病。

(5) 運動能增強腎功能

這是因為運動使新陳代謝旺盛，代謝廢物大部分透過腎臟排泄活動，使腎機能得到很大鍛鍊。中醫認為腎主骨，不少中老年人常見的骨質脫鈣、長

骨刺、關節攣縮等疾病，也可透過經常的鍛鍊，而得以預防。

（6）運動使人精神愉快

體育運動可促使腦血循環，改善大腦細胞的氧氣和營養供應，延緩中樞神經細胞的衰老過程，提高其工作效率。尤其是輕鬆的運動，可以緩和神經肌肉的緊張，收到放鬆鎮靜的效果，對神經官能症、情緒憂鬱、失眠、高血壓等，都有良好的治療作用，正如美國醫生懷待所說：「運動是世界上最好的安定劑。」近年來神經心理學家透過實驗已經證明，肌肉緊張與人的情緒狀態有密切關係。不愉快的情緒通常和骨骼肌肉及內臟肌肉繃緊的現象同時產生，而體育運動，能使肌肉在一張一弛的條件下逐漸放鬆，有利於解除肌肉的緊張狀態，減少不良情緒的發生。

工作時再忙也要擠出時間健身。

學會休息，放鬆緊張的神經

俗話說：「磨刀不誤砍柴工。」因此，我們不能不說：只有會休息的人才會工作。

「晚上躺下入睡前或早晨醒來起床前，在床上用 5 分鐘時間做做伏地挺身，或聽聽音樂等，充分的放鬆自己。如果躺下睡覺時總考慮著問題，就會影響睡眠品質，而這樣又會加重精神負擔。」在一家公司擔任要職的呂先生說，「早晨一起床就緊張，那麼接下來的一整天都別想輕鬆了。因此，每天的開始和結束時，花上 5 分鐘時間放鬆全身很有必要。」

呂先生剛剛出任大客戶服務部的總監時，每天都忙得團團轉，手機、電

話響個不停，辦公室裡人來人往，幾乎沒有清閒下來的時候。他開始煩躁，覺得自己像個機器。但他很快調整了每天下班後的生活方式，早上上班堅持步行，從而在工作中保持了充沛的精力。

一個人經常加班、休息不好，時間長了就會導致焦慮、失眠、記憶力減退、精神憂鬱，甚至引發憂鬱症和精神分裂症。如果這種疲勞持續 6 個月或更長時間，身體就可能出現低燒、咽喉腫痛、注意力下降、記憶力衰退等症狀。而且，非常嚴重的長期性疲勞很可能就是其他病症的先兆。

人們常說的過勞死實際是長期過度的勞累，引發人體心衰、肺衰、腎衰、心肌梗塞、腦溢血等病症造成的猝死。這種猝死的原因主要是冠心病、主動脈瘤、心瓣膜病、心肌病和腦出血，與一般猝死沒什麼不同。只不過這些病的潛在因素而使過勞者忽略，以至釀成嚴重後果。

（1）疲勞的診斷標準

1. 持久或反覆發作的疲勞，持續在 6 個月以上。
2. 根據病史、體徵或實驗室檢查結果，可以排除引起慢性疲勞的各種器質性疾病。

（2）疲勞的體徵標準

1. 低熱，口腔溫度常常達到 37.5 ～ 38 攝氏度。
2. 可觸及小於 2 公分的頸部淋巴結腫大或壓痛。
3. 咽部充血，但無明顯的扁桃腺炎症。
4. 未發現其他引起疲勞的疾病體徵。

（3）過勞死的 13 大危險信號

1.　過早出現肥胖。如果在 30 ～ 50 歲就已大腹便便，則有罹患高血脂、脂肪肝、高血壓、冠心病等疾病的危險。另外，體力或心理負荷過重引起不易解除的疲勞和沒有明確原因的肌肉無力，也會增加過勞死的機率。

2.　如果年齡在 40 歲以下，而每次洗頭都出現大量頭髮脫落的現象，甚至過早出現斑禿、早禿，往往是因為工作壓力大、精神緊張所引起的。

3.　頻繁去洗手間。如果年齡在 30 ～ 40 歲，排泄次數明顯超過同儕，說明消化系統和泌尿系統已經開始逐漸衰退。

4.　性能力下降。如果在 50 歲以前就出現腰痠腿痛，性慾減退、陽痿、停經等症狀，都說明身體整體機能正在衰退。

5.　記憶力減退。開始忘記熟人的名字。

6.　心算能力越來越差。

7.　做事經常後悔，易怒、煩躁、悲觀、憂鬱、焦慮、緊張或恐懼，難以控制自己的情緒。

8.　注意力難以集中，集中精神的能力越來越差。

9.　睡覺時間越來越短，甚至出現經常性的失眠、多夢或早醒。

10.　食慾不振。對任何食物都沒什麼胃口。

11.　肩背部不適、胸部有緊縮感，或有腰背痛、不定位的肌痛和關節痛，而且沒有風溼或外傷史。

12.　咽乾、咽痛或喉部有緊縮感。

13.　經常出現頭痛、頭昏、耳鳴、目眩等症狀，檢查也沒有結果。

(4) 自查方法

醫學研究專家提醒說，如果具有上述兩項或兩項以下者，目前尚無須擔心，但應加以注意，以免更多的症狀出現；具有上述 3～5 項者，說明已經具備「過勞死」的徵兆，此時需要注意保養和治療；具有 6 項以上者，此時你的生命已經面臨著死亡的威脅了，定為過勞死的前兆了，如果還不加以重視，隨時都有可能發生猝死！

1. 過勞死最易感染的七大人群：

2. 只知消費不知保養的人。

3. 屬於「工作狂」類型的人。

4. 有早亡家族史又自以為身體健康的人。

5. 有晝夜輪班，工作時間沒有規律的人。

6. 長期失眠、熬夜或睡眠不足的人。

7. 自我期望值高，情緒容易緊張的人。

8. 幾乎沒有休閒活動與嗜好的人。

(5) 預防措施

過勞對人體的傷害絕非一般，它是人類健康長壽的大敵，辦公族應對過勞予以高度的重視，甚至應該將其置於與心臟病、癌症等疾病同等重要的位置上予以預防。下面就是預防醫學專家告訴我們應該採取的對策：

1. 按生理時鐘休息。因為人體內各個器官都有其固定的生理規律。所以，我們應該按照這種自身的生理規律來安排作息。如果你違反、干擾了這種規律，如晚上熬夜，不睡午覺，三餐不定時，則會使你整天昏昏沉

沉、疲憊不堪。

2. 三餐營養要平衡。安排一日三餐時，一定要品種多樣、比例均衡。另外，在保持「平衡」原則的前提下，還應根據各個年齡層的生理特點選擇營養物質，以便更好的保持身體健康。在選擇食品上，營養學家建議無論在哪個年齡層，都不要忘記雞肉、豆類、菠菜、魚類、草莓、香蕉、燕麥片、海帶、脫脂優酪乳等幾種食物，因為它們富含能量，能幫助你避免過勞傷害，保證身體高效率運轉。

3. 學會主動休息。人體持續工作越久或強度越大，疲勞的程度就越重，消除疲勞需要的時間也就越長，這正是「累了才休息」的傳統休息方式效果較差的原因所在。主動休息則不同，不僅可保護身體少受或不受疲勞之害，而且能大幅度提高工作效率，具體可從以下幾點做起：

A. 參加考試、競賽、表演、主持重要會議、長途旅行等重要活動之前應抓緊時間先休息一會。

B. 保證每天睡眠時間不少於7個小時。週末最好再進行一次「整休」，輕鬆、愉快的玩玩，為下一週緊張、繁忙的工作做好準備。

C. 計畫好每天的工作生活安排，除了工作、進餐和睡眠以外，還應明確規定一天之內的休息次數、時間與方式，除非不得已，不要隨意改變或取消。

D. 重視充分利用這段短短的午休時間到室外散散步，呼吸些新鮮空氣，或做做深呼吸，欣賞輕鬆的音樂，並認真做好午間休息，使疲勞的身心得到放鬆。

4. 定期進行體檢。無論年輕人還是中老年人，體力勞動者還是腦力勞動

者，至少每年做一次體檢，包括心電圖（運動負荷試驗）及有關心臟的其他檢查，以便及時發現高血壓、高血脂、糖尿病、特別是隱性冠心病等疾病，如果發現疾病，不論輕重都要及時認真治療。

5. 善於有勞有逸，學會調節生活節奏。可經常短期旅遊、遊覽名勝；爬山遠眺、開闊視野；呼吸新鮮空氣，增加精神活力；忙裡偷閒聽聽音樂、跳跳舞、唱唱歌，在繁忙的工作中抽出一點時間欣賞湖光山色，參加娛樂健身等，都可以有效的消除疲勞，讓緊張的神經得到鬆弛，同時也是防止疲勞症的精神良藥。

只有會休息的人，才會工作。

會睡覺的人會工作

一個會睡覺的人，他是一個有效率的人，也是一個懂生活的人。

約翰・洛克菲勒保持了兩項驚人的紀錄：他賺了世界上數量最多的財富，而且還長壽的活到 98 歲。他做到這兩點的祕訣是什麼呢？

很簡單，一個是遺傳世家的因素，他們家中世代長壽；另一個原因就是他每天中午都要在辦公室裡睡上半個小時的午覺。他就躺在辦公室的大沙發上，這時哪怕是美國總統打來的電話，他也不接。

疲勞容易使人產生憂愁，而且會減少身體對一般感冒和疾病的抵抗力，任何一種精神和情緒上的緊張狀態，也只有在完全放鬆之後，它才會減輕和消失。防止疲勞，就是要好好休息，在你產生疲勞之前好好的睡眠休息。

第二次世界大戰期間，邱吉爾執政英國的時候已經六七十歲了，但卻能

每天工作 16 小時，堅持數年指揮英國作戰。他的祕密又在哪裡呢？

　　他每天早晨在床上工作到 11 點，看報告，發布命令，打電話，甚至在床上舉行重要會議，吃過午餐，再上床午睡 1 小時，而在 8 點鐘的晚餐前，還要上床去睡上兩小時，他根本就不需要消除疲勞，因為毫無疲勞可言。正是由於這種間斷性的經常休息，他才有足夠的精神一直工作到深夜。

　　由此可見，一個會睡眠的人是健康的，也是快樂的，更是成功的。

　　大多數的成功人士，都會合理的運用他們的時間來達到目標，而不是只從工作當中找到樂趣。

　　人在一天當中有 8 個小時的睡眠，其他 16 個小時不睡覺。而動物和我們人類不同，大多數的動物都有足夠的知覺，它們無論是在白天還是在夜裡，覺得需要的時候就小睡一下。作為有靈性的人而不是機器，我們人類必須保持睡眠與休息，因為只有在身體和大腦得到充分的休息之後，我們才能更好的工作。

　　睡眠是一種全面的休息。因為人在睡眠時，體內的各種生理活動都會處於放鬆的狀態，能量消耗相對減少，對活動時在體內累積的代謝產物，如乳酸、二氧化碳等廢物，在睡眠中可以將之分解、排出體外；同時，人在睡眠中可以得到充分的能量來補充和修復人體在活動或生病時所造成的損失，達到體內代謝產物（如毒素）的刺激，恢復和重新調整新陳代謝，積蓄能量，消除疲勞，調整身體各個器官的生理功能。所以，我們每天應該保證充足的睡眠時間。睡眠時間按年齡大小因人而異。一般 20 歲以上的成年人睡眠為 8 個小時左右；60 ～ 70 歲最好睡 8 個小時；80 ～ 90 歲應該睡 9 個小時；90 歲以上必須睡 12 小時。睡眠時間的安排可以一氣從早睡到晚，也可以在午間睡上一個小時，外加幾小時的正常夜間睡眠。

另外，每週至少要有一天休息式的活動。我們在勞累了一週之後，每個人都需要暫時避開種種有償或無償的勞動，必須保證我們的睡眠休息。因為像機器一樣的日夜奔波，絕不是我們人類所嚮往的美好生活。

物理學家愛因斯坦非常注意休息，他把每天的小睡列為他一天活動中的一個必要部分，發明家愛迪生和英國首相邱吉爾也是一樣。美國總統杜魯門、艾森豪和甘迺迪，都發現適當的小睡一下能夠幫助他們應對工作上的壓力。因為儘管小睡的時間並不長，但效果卻出奇得好。你會發現，小睡之後，你覺得神清氣爽，精神充足。而且在能量充足之後，你的工作和休閒的效率及品質，也必然提高許多。

會睡覺的人，才會工作。

遠離上班族症候群

長期坐辦公室者容易罹患「上班族症候群」，越來越多的職員抱怨頸部和腰部不適，感覺肩腕背疼痛、抽筋、肌肉拉緊或無力，有的頭暈、頭痛、焦慮、失眠、免疫力降低。其中腰痠背痛、高血壓、脂肪肝、高尿酸血症患病率上升較快，尤需引起注意。

上班族症候群是專家從心理、身體和社會三方面對上班族所做的全面診斷結果。多數上班族都適值壯年時期，處於新陳代謝的高峰階段。他們反覆出現的不適症狀既具有一般人的特點，又具有顯著的「上班族特色」。其典型症狀表現為：

第八章　努力工作，但不要拚命

（1）疲勞

　　由於上班族通常都長時間處於高強度、快節奏的工作中，缺乏必要的休息和適當的調整，從而引起缺血、缺氧而使體內糖類無氧酵解增加，並產生大量乳酸，堆積在各個組織中，出現肌肉酸痛和疲乏無力，導致各個系統功能應激力和反應力下降，最後導致身體衰弱，免疫力下降，並引發各種疾病。

（2）記憶力減退

　　記憶是透過大腦的海馬迴細胞群的作用來記錄看到的、經歷過的事，並保存在大腦中。一個人聰明的程度、智商的高低通常可用記憶力的好壞來評定。其實，正常人記憶力的個體差異並不是很明顯，只有當自己的記憶力明顯不如從前了，才能確定為記憶力減退。

　　上班族工作的主要特點是腦力勞動強度過大，加之巨大的壓力，使上班族人士常常因為腦疲勞而導致記憶減退。此時，如果不及時採取防護措施，而讓其惡性發展，可能會導致痴呆症。

（3）缺氧

　　人體一旦缺氧，在短期內可出現胸悶、氣短、疲倦、反應遲鈍等症狀；長期缺氧則易導致細胞萎縮、死亡，致器官病變。缺氧主要是由外界供氧不足、人體對氧吸收利用率低和身體對氧需求增大所引起的。人的心臟和大腦是耗氧量最大的器官，而上班族因用腦強度較大，故所需氧氣量也較多，但相對封閉的工作環境又使上班族難以呼吸到新鮮空氣，缺氧現象便十分突出。

(4) 免疫力低下

環境汙染、壓力巨大和營養不均衡等各種因素使人體對體內、外致病因素的反應力低下和抵抗力降低，從而導致身體容易患病及疾病遷延不癒。尤其是上班族，由於工作緊張，生活沒有規律，疲勞的身心不能得到及時、有效的休息和恢復，營養得不到及時補充，造成免疫力下降，使得感冒、肝炎等傳染性疾病時有發生。

(5) 維生素和礦物質缺乏症

對用腦量過大的上班族而言，主要是缺乏不能在體內長期儲存的水溶性維生素和部分礦物質，而出現一系列的維生素和礦物質缺乏症，如食慾不振、眩暈、失眠，精神恍惚、貧血等。此外，如果缺乏脂溶性維生素 D，會出現鈣吸收不良，導致骨質疏鬆等症。由於飲食過於單調，使體內無法吸收足夠的礦物質，從而導致貧血、骨質增生、免疫力低下等。

(6) 特殊症狀

就上班族者而言，除了上述較典型的症狀外，其中也存在因年齡、性別、工作環境的不同而導致的有個體差異的症狀。

(7) 睡眠不佳

由於工作原因，使得上班族長期睡眠不足，時間一久，就會嚴重損害身體各系統功能，導致大腦活動異常，注意力、思考力下降。而且，長期精神緊張，作息時間無規律，夜生活較長或出差較多等都會導致睡眠不佳，甚至有些人為了能安然入睡而服用安眠藥，深深陷入了依賴安眠藥來維持睡眠的

循環中。

(8) 肥胖

肥胖不僅會加重心臟負擔，而且還會增加心血管系統疾病的發生率，嚴重影響人體的健康。一些大腹便便的上班族，他們多因工作需要或個人胃口嗜好而暴飲暴食，又很少參加體育運動，結果必然是「肚量」的擴大。

(9) 吸菸危害

大部分上班族為提高工作效率而大量吸菸以提神醒腦、刺激神經。但如果長期這樣做，代價是非常沉重的，會導致維生素 C 缺乏、呼吸系統和神經系統功能失調，甚至發生肺癌。

(10) 貧血

貧血是婦女比較多發的一種病症，特別是在分娩期和經期表現尤為突出。在正常情況下，貧血一般都是由鐵質、維生素 B12、葉酸等造血要素攝取不足引起的。尤其當鐵攝取不足時，更容易導致貧血。然而，上班族中的大多數女性，都存在進食無規律和飲食結構不合理的情形，長此以往，會導致鐵質攝取不足，且吸收利用率低，從而成為貧血症高發人群，由此引發疲倦、乏力、頭暈、耳鳴、厭食等症狀。

(11) 腰痠背痛

腰痠背痛是因長時間保持同一個坐姿，肌肉沒有機會伸縮所致。因此不論坐得歪斜或筆直，長久下來都會腰痠背痛。當然，坐姿不當更容易帶來疼

痛問題，身體歪斜如果超過了正常的脊椎弧度，就會過度拉扯到肌肉。

（12）缺鈣

鈣是人體的必需物質，如果在飲食中鈣攝取不足或身體對鈣吸收利用率低，都會導致人體缺鈣。上班族一般都「深居」封閉的辦公大樓中，戶外運動量較少，再加上接受陽光照射較少，因而體內維生素 D 合成不足，導致鈣的缺乏。

（13）高血壓

最新研究表明，高血壓已經成為上班族症候群之一。雖然症狀並不嚴重，但是發現血管壁已經出現異常擴張和加厚現象，預示著患者的心臟受到了不同程度的損傷，如果不及時加以控制，很可能最終發展成心血管疾病。

（14）脂肪肝

調查顯示，上班族中患脂肪肝的比率高達 129%，比整個人群實際患病率高。該病與體力消耗相對較少、過量吃零食和宵夜等飲食方式有關。

（15）高尿酸血症

近年來，二三十歲男性辦公族血液中尿酸濃度偏高，高尿酸血症發生率呈逐年增加趨勢。過量飲酒、大量食用動物內臟都是相關因素。

長期坐辦公室者容易患「上班族症候群」，因此，在平時要注重調理，提前做好預防工作。

第八章　努力工作，但不要拚命

放慢你工作的腳步

工作在職場快節奏中的都市上班族們，他們在職業生活裡奔跑。為了不遲到，他們步履匆匆；為了趕時間，他們在速食店裡狼吞虎嚥；為了提升自己，「充電」學習進速成班；為了工作，為了家庭……他們每天都在跟時針、分針甚至秒針賽跑，到頭來有些人的為了擔承事業的重任，而把生活拒之千里之外……

小王是一個很敬業的主管，差不多每天都是馬拉松式的工作著。不但他個人如此，甚至要求下屬，和他一起共同進退。其中一個叫小張的下屬，也是抱著「工作就是生活的全部」的態度。

直至有一日，小張的兒子跌傷了腳，這皮外傷固然不礙事，問題就出在兒子對他的態度猶如陌生人，若即若離，並拒絕接受他的關照。經過這件事，小張受到很大打擊，他發現原來一直錯過了生活中最重要的東西，就是與家人的親密關係。為了補救這關係的缺口，他和上司商議，尋求解決方案，而且大前提是：「以工作素養來評價我的能力，而不是以我逗留在辦公室的時間作為表現的準則。」

我們生活在一個壓力極大的社會環境中，我們為了生活，為了生存，我們承擔著繁重的責任，比如社會責任、事業的責任、家庭責任，我們拚命的工作；但實際上，不管我們有意或無意、主動或被動，工作幾乎成了生活的唯一內容和支柱。一旦失去了工作，我們不僅會在物質上垮掉，同時也會在精神上垮掉。而在工作中，由於各種原因，又會使我們時時感受難以解脫的束縛，經受無法避免的挫折，從而體驗到深刻的無力感與無奈。

既想在工作上做出一番令人刮目相看的成就，又想過著自在愜意的生

活，很多人的現狀都是這樣的。可是，結果總是兩頭不討好，往往得到了這個，失去了那個。為什麼會如此呢？原因很可能出在把工作與生活混為一談。其實，工作就是工作，生活就是生活，如果錯把謀生的工具當成人生的目標，而且太把它當成一回事，就會把自己弄得一團亂。

我們要知道，工作是工作，生活是生活，兩者應該盡可能的區分開來，工作與生活是兩回事，應該用兩種不同的態度來看待。工作上，你演的只是職務的角色；而回到真實生活裡，你要演的才是你自己。

約翰・列儂說：「當我們正在為生活疲於奔命的時候，生活已經離我們而去。」生活沉重是我們更多的運用了加法，不妨運用一下減法來生活，你會更輕鬆。

有這樣一個人，他覺得生活很沉重，便去見哲人，尋求解脫之法。

哲人給他一個簍子背在肩上，指著一條沙礫路說：「你每走一步就撿一塊石頭放進去，看看有什麼感覺。」那人照哲人說的去做了，哲人便到路的另一頭等他。

過了一會兒，那人走到了頭，哲人問有什麼感覺。那人說：「覺得越來越沉重。」哲人說：「這也就是你為什麼感覺生活越來越沉重的道理。當我們來到這個世界上時，我們每人都背著一個空簍子，然而我們每走一步都要從這世界撿一樣東西放進去，所以才有了越走越累的感覺。」

那人問：「有什麼辦法可以減輕這沉重嗎？」

哲人問：「那麼你願意把工作、愛情、家庭、友誼哪一樣拿出來呢？」

那人不語。

哲人說：「我們每個人的簍子裡裝的，不僅僅是精心從這個世界上尋找來

的東西，還有責任。」

　　生活就是這樣，你要想在簍子裡多裝東西，就得比別人更辛苦，就要付出更多的責任。人生，本來就是一次旅行。只不過這趟旅行，只有起點，沒有回程。因此，只有放慢腳步，才能品嘗人生。

　　走，是為了到達另一個境界；停，是為了欣賞人生。我們不必把每天都安排得緊緊的，總要留下一點空間，來欣賞一下四周的好風景。

　　無休止的快節奏給執著的追夢人帶來豐厚的物質回報的同時，也給他們帶來了心靈的焦灼，精神的疲憊，以及健康的每況愈下，這些和時間賽跑的疲於奔命的「快」已使自己迷失了生活方向，使自己離健康的生活和幸福越來越遠，所以，我們不妨讓自己慢下來。我們不妨靜下心來讀一些書籍，喝一杯淡雅的茶，與朋友漫談一下；可以推掉一些可放棄的應酬早早回家；開始把週末留給家人、朋友間的團聚……開始慢動作，慢慢吃，慢慢讀，慢慢思考……

　　所有的「慢生活」與個人資產的多少並沒有多大關係，只需要有平靜與從容的心態。其實，真的不必等到實現了夢想，完成了任務才開始休息，如果你一定要執著的抱著這個想法，你永遠等不到那一天，那樣你恐怕要抱恨終身了。如果你真的珍惜生命，奉勸你從現在開始，堅決摒棄這種「快」的工作方式。

　　工作是為了更好的生活。摒棄「快」的工作方式，在「慢」中找回真實的生活。

第九章
玩得好才能做得好

　　日復一日，年復一年，我們忙於創造豐富的物質生活條件，把自己當作一架永不生鏽的賺錢機器，而忽略了自己的身心成長和娛樂，給自己帶來許多不必要的緊張與壓力。林語堂先生說得好，樂，原是人生重要的一部分，如果一個人只知工作，而無娛樂，那人生該有多乏味，生活的花朵又怎能綻開，又如何絢麗？勸告那些有工作狂傾向的朋友，不妨在八小時以外安排些休閒活動給自己，既要工作，又要娛樂，這是一個人要想快樂幸福生活必須解決的課題之一。

第九章　玩得好才能做得好

培養生活情趣，讓生活多些色彩

　　人類給自己創造出一個世界，原本是要給自己幸福和快樂，而結果是被這個創造的世界所左右，以致忘掉人生本來的目的。這是人類的悲哀。但人類終究是自然的，一顆來自自然的心總有逃離世界、回歸本真的欲望，這不是精神的脆弱，也不是無聊的追求，而是人在本質上真正的需要。所以，給一點時間照拂自己的心靈，應該是我們對自己的慈悲。

　　有一位企業家，當他事業達到巔峰時，突然覺得人生無趣，特地來到寺院向大師請教。

　　大師告訴這個企業家：「魚無法在陸地上生存，你也無法在世界的束縛中生活；正如魚兒必須回到大海，你也必須回歸安息。」

　　企業家無奈的回答：「難道我必須放棄一切事業，進入山裡修練？」

　　大師說：「不！你可以繼續你的事業，但同時也要回到你的心靈深處。當回到內心世界時，你會在那裡找到祈求已久的平安。除了追求人生的目標外，生命的意義更值得追尋。」

　　在我們追求事業的過程中，不要一味的打拼，甚至迷失了自己，要知道我們工作的目的是什麼，生命意義是什麼，生活真正的內容又是什麼？在工作之餘給自己留點時間，做些自己感興趣的事情，能使緊張的大腦鬆弛下來，讓自己在工作之外找到生活的意義。

　　小張在某公司裡從事材料整理工作。長時間沒日沒夜的加班，曾經使他的心情十分煩躁，但他慢慢的學會了自我調整。他在家裡的陽台上養上了幾盆杜鵑、蘇鐵、君子蘭等花草，用心的澆水施肥，還特地購買了一個大魚缸，買回五尾紅色的小金魚放養其中。每天下班後，他都要靜靜的觀賞花草

長出的新葉、吐出的花蕾，欣賞小金魚在水中游動的姿態，從而釋放工作帶來的緊張情緒。

一個人如果一直工作，得不到某種快樂，他就會慢慢的對工作失去興趣。相反，如果工作結束後，能夠享受生活之外的快樂，也能促進工作的積極性。

有一位事業有成的中年人曾說：「工作累了，我最喜歡到酒吧坐坐，小飲幾杯，心情一下就舒暢了好多，也不覺得累了。」

記得有一次，他碰到件倒楣事：他的公司為客戶組裝的電腦出了問題，而發貨期迫在眉睫。做了這麼多年的他，從未出現過這麼大的紕漏。為了趕合約期，大家只得畫夜不停的工作，一連三天，終於返修完了。工作暫時沒那麼忙了，但心一時還放鬆不了，於是，下班後他去了那家熟悉的酒吧。每次去酒吧，頗有酒量的他都要上一瓶紅酒加冰塊，別的酒喝上幾杯會燥，紅酒的感覺是不慍不火。紅酒加冰塊，一杯杯細品，耳邊是薩克斯演奏的音樂，輕柔、舒緩，帶著點憂傷。一瓶紅酒喝完，帶著點微醉的他心情趨於了平靜。

工作為了生活，但生活不是工作。

找一份讓自己輕鬆的工作

生活不是為了工作，而工作是為了更好的生活。找一份讓自己輕鬆就能勝任的工作，讓自己過得輕鬆又開心。

小姜在一家公司裡任職，老闆是他的朋友。為了朋友的信任和自身價值

第九章　玩得好才能做得好

的實現，他兢兢業業、任勞任怨的工作，在幾次大的業務活動中表現出色，深得老闆賞識。但是後來公司的規模越來越大，小姜的壓力越來越大，心情越來越糟糕，身體越來越差。後來，在朋友們的勸告下，他提出了辭職。找到了一份能讓自己工作輕鬆，生活快樂的工作，小姜如釋重負。

現代社會中，人們工作和生活的節奏不斷加快，競爭也日漸激烈，如果人們不注意調整自己的心態，就很容易產生身心疲勞感，即人們常說的「活得累」。要改變這種狀態就要學會放鬆自己。

心理學家認為，疲倦是人體對外界壓力的自然反應，是健康狀態已處在警戒線的信號，身體已經用紅燈在警告我們了。

例如：情緒緊張焦慮可導致出汗、心悸、呼吸急促等現象；情感打擊會使人感到沮喪，勞心的工作會使人感到精疲力竭。這些不良情緒還會引起內分泌失調、中樞神經系統功能紊亂、能量過度耗損，以致使人無法正常的工作和生活。

壓力對我們產生如此大的危害，首先讓我們了解一下壓力產生的原因：

擇業困難帶來壓力。就業市場的供大於求造成就業機率相對較低帶來的壓力。壓力來自於趕時尚、追潮流、愛虛榮。如出國潮、金融潮、裝修潮等林林總總的時尚潮流誘惑著年輕人，然而條件所限，並非所有人皆能如願，於是，便產生了壓力。

知識更新快帶來的壓力。科學技術的日新月異、知識更新的速度越來越快，要求人的知識結構也要不斷的更新。這給人們帶來了緊迫感而產生了壓力。

急於求成造成壓力。如果對一個問題思考了一整天，卻還是想不出個結

果，則很容易產生緊張、憂慮的情緒。

壓力來自於心理。有很多時候，我們的工作量沒有那麼多，我們的煩心事也不算什麼，但我們就是覺得壓力很大，這種壓力來自於心理。如果我們心理上能輕鬆承受，它就不會給你帶來壓力。

壓力來自於自卑。如果我們缺乏自信，對原本能夠完成的工作也不敢去努力，就會產生壓力。我們首先要建立信心，從心理上肯定自己能夠完成這份工作，做起事來，就會感覺輕鬆多了。

壓力來自於優柔寡斷。如果你平時總愛思前想後，患得患失，對工作、生活、家庭想得太多，顧慮太多，無疑是在給自己施加壓力。

壓力來自於情感婚姻。感情生活、婚姻生活不佳帶來的壓力，包括離異、喪偶、夫妻感情不和等都會造成壓力。

壓力來自於追求盡善盡美。一般來說，中年人都會認為自己從事的事業應開花結果了，然而並非所有人都能在事業上春風得意，這種理想與現實的差距便形成了壓力。

處在競爭激烈的時代，人們面臨的心理壓力問題對自身的威脅，將遠遠大於生理疾病的威脅。善於調適心理的人，如同善於增減衣服以適應氣候變化一樣，能獲得舒適的生存；而不善調適者，卻長久走不出煩惱的循環，極容易接受消極與虛妄的心理暗示。

要改變這種狀態，就要養成放鬆自己的習慣，要試著從以下幾個方面做起：

（1）消除內心顧慮

科學家認為，人需要熱情、緊張和壓力。如果沒有既甜蜜又痛苦的冒險滋味的滋養，人的身體根本無法存在。適度的壓力可以激發人的免疫力，從而延長人的壽命。在生活節奏越來越快的今天，幾乎所有人都感受到了壓力，為了放鬆緊張的情緒，往往選擇一些偏激的方式來緩解觀望遠處成群的牛羊，使心靈小憩。然而，這樣做往往不能達到輕鬆的目的。

（2）培養幽默感

當你嘲笑壓力時，壓力也害羞，不妨對自己的缺點、不足與失誤自我調侃、幽默一番，如此便可減輕心理壓力。

（3）強化壓力抵抗力

1. 分析造成壓力的原因，反覆思量自己究竟在煩惱什麼，然後想想怎樣做才能防止壓力的產生。

2. 如果找不到預防壓力的好辦法，試著改變自己的心態。

3. 試著告訴自己，那些目前困擾自己的情況並不嚴重。

4. 發現壓力的當天就要盡力消滅它。

5. 對可能產生的壓力做好心理準備。

6. 不要指望以休假來埋葬壓力。

7. 自信，對人生持樂觀態度。

(4) 選擇自己喜歡做的事

如果條件允許，你要盡可能為自己選擇一種自己喜歡的職業，這樣便於你實現理想。在從事這種職業生涯時，你不是作為奴隸出現，而是在獨立的進行創造。最合乎這些要求的職業，不一定是最高尚的職業，但卻是最可取的職業。

(5) 順應時代的變化

一定要打破陳規，拋棄那種「以前是這麼做的」、「只這麼做才行」、「不，辦不到」，「所以不可能」的思維定式。應把目標轉向「試著想想別的辦法」的方向。不要企求一步登天，向極困難的問題提出挑戰，而應從身邊的、手頭的問題開始。

社會在變、整個世界都時刻變化著，如果你在工作中仍是一成不變，那就勢必會落後於時代，現在的時代是個瞬息萬變的時代，人們的生活方式和需求都在發生變化，所以每個人的工作也應該求新、求變、求突破。

(6) 放鬆精神

閉上眼睛，訓練思維「遊逛」，假想在藍天白雲之下，坐在草地上。

(7) 分解法

把生活中的壓力羅列出來，列一張表，各個擊破後，你會發現這些壓力原本是如此簡單的就能消除。

（8）想哭就哭

心理學家認為：哭能緩解壓力，透過哭可以釋放內心深處的壓抑情感，獲得一份輕鬆。

（9）參加體育運動

運動是減少憂慮的最有效的辦法。有一種行業「運動消氣中心」。該中心教人如何發洩怨氣減輕壓力，如大喊大叫、砸「玻璃」、打枕頭等。

（10）吃零食

咀嚼吞嚥運動，可以轉移緊張情緒，咀嚼過程中，大腦產生另外一種興奮，可以抑制壓力，放鬆心情。

（11）找人傾訴

一個人如果心情煩悶時，最好找親人、朋友聊聊天，可以有效的減輕壓力。

（12）養寵物

一項試驗表明，當人精神緊張時，同可愛的寵物玩樂一會兒，會無意識的進入「榮辱皆忘」的境界。一家公司的老闆，為了消除雇員的工作壓力，每週都將自家養的憨態可掬的牧羊犬帶來，讓雇員逗弄一會兒，以緩解壓力。

（13）阿 Q 精神

風雨總會過去，太陽終會出來，明天會更好，用阿 Q 的「精神勝利法」也可以給自己帶來一份好心情。

總之，好心情是自己創造的，奔波之餘，別忘了給自己留點時間，找些餘暇，放鬆自己。

當你感覺自己有些不習慣、有些緊張或者有壓力，甚至是恐懼的時候，要知道，你需要放鬆了。

聽一曲優美的音樂

音樂是最經典的精神食糧。耳畔迴盪著催人淚下的旋律，腦海裡浮現出美麗的畫面，讓心沉浸在那淒美的幻想之中，這是對靈魂的按摩。

有一天，德國音樂家梅亞貝爾為了一點小事，跟妻子爭吵起來。他認為那並不是什麼重大問題，不希望再吵下去了，但也不願意向妻子說妥協的話。為了使自己鎮靜下來，他在鋼琴前坐下，彈起友人蕭邦送來的名曲《夜曲》來。

一彈鋼琴，他的精神立刻被這支樂曲的魅力所吸引，剛才跟妻子吵架的事也全忘掉了。

過了一會兒，本來怒氣衝衝的妻子也漸漸為優美的旋律所感動，一步一步的走到鋼琴旁邊，溫柔的抱住丈夫親吻起來。一場激烈的家庭爭吵就這樣浪漫的化解掉了。

梅亞貝爾和他的妻子非常感謝蕭邦的曲子，因為這首旋律優美的曲子有

效的緩和了他們之間的關係。於是他們趕緊寫信給蕭邦，邀請蕭邦來參加他們的家庭聚會。

音樂能夠擴展一個人的心胸，優美的旋律可使人情緒平和，心情愉快。當你心情煩悶和倍感煩惱時，請你靜下來聽一聽音樂；當你發脾氣和生氣時，請你靜下來聽一聽音樂。音樂能消除你的怨氣，使你的心情豁然開朗，音樂還能成為調解你與他人關係的潤滑劑。

據心理學家稱，音樂對人的精神狀態和心境的影響是十分顯著的，聲音可激發起人們的不同情感，負面心理透過優美聲樂可以轉化為正面生理效應。許多人可能都有這樣的感受：在工作、學習之後聽一首優美的樂曲，往往會感到心情清爽、疲勞頓消。因此，有人稱音樂是神經系統的「維生素」，是花錢最少的「保健品」。

匈牙利鋼琴家李斯特說：「音樂是人類的萬能語言，用這種語言可以和任何人溝通。」的確是這樣，音樂不僅像一股潺潺的清泉，陶冶性情，使受傷的心靈得到撫慰，而且還在古今養生領域具有醫藥無法替代的價值！蒲松齡在年輕時，就注意到了音樂的這個特殊價值，不但創作了《抱病》、《病足》等30多首養生歌，還在《聊齋志異》中寫了反映音樂使人健康延壽的《粉蝶》等多篇小說。

如今，在國外音樂療法已經相當普遍，如口腔科用音樂療法代替麻醉藥給患者拔牙，外科利用音樂鎮靜安神來進行手術等，但更多的是應用音樂來治療人們的心理疾患。而且，在日本的文部科學省，當地政府便制訂了「創造親腦街」計畫，並付諸實施。在日本滋賀縣彥根市商業街「四號街廣場」聚集了50家店鋪，一踏進該地區，你便能聽到熱帶雨林裡樹葉沙沙，鳥鳴婉轉。原來該地區店鋪門口、顧客休息的長椅下，都安裝了喇叭，並且整天

播放著錄有熱帶雨林的天籟之聲。聽著喇叭傳來的天籟，使人彷彿置身熱帶雨林，舒心放鬆。

馬克思說：「一種美好的心情，比十服良藥更能解除心理上的疲憊和痛楚。」因此，對於一個心理健康的、成熟的人來講，他們是不會拒絕音樂給他帶來的好處的，不管是在「只可意會，不可言傳」的狀態中感知，還是與音樂的感情內涵相互交融，發生共鳴，我們都會在不斷的品味中使精神得到昇華。

懂生活的人愛音樂，音樂能讓人舒展心靈，更有精氣神。

音樂，最基本的要素是節奏和旋律，是用有組織的樂音來表達人們的思想感情、反映現實生活的一種藝術。音樂是心情的藝術，它直接針對著心情。音樂是人生的最大快樂，是生活的一股清泉，是陶冶性情的熔爐。音樂的旋律和節奏可以教育人，可以治療人的脾氣和情欲，並恢復內心的和諧。音樂還可以撫慰痛苦的心靈，使人消除憂愁，恢復安定、冷靜、信心，釀成歡樂。

聽蕭邦的奏鳴曲，感受他充滿著美、精妙、壯麗和力量的心靈獨白，傾訴一腔愛國柔情；聽貝多芬用他那神奇的手，譜寫《田園》之曲，撞擊《命運》之門，感受一個頑強的生命在不懈的抗爭；聽柴可夫斯基的鋼琴曲，感受駕著俄羅斯馬車，在靜謐的湖畔駐足觀賞天鵝起舞的雅興；傾聽舒伯特的小夜曲，似乎看到菩提樹下，一個孤獨的身影。

巴赫的賦格曲，浪漫優雅；白遼士的幻想曲，奔放灑脫；舒曼的小夜曲，恬靜悠然；帕華洛帝的《我的太陽》高亢；莎拉‧布萊曼的《月亮》輕柔；李娜的《青藏高原》如天籟之音！

第九章　玩得好才能做得好

　　薩克斯曲《回家》讓人的心中湧起淡淡的鄉愁；鋼琴曲《給愛麗絲》讓人不由得想起心愛的女孩，音節中流淌出濃濃的思念；一曲《高山流水》使伯牙和子期成為人生路上的知音，尋覓惆悵的琴弦撥出了一曲妙趣佳音，道出了一段知音美談，千古佳話；一曲《二泉映月》道出一位盲人的淒苦愁腸；聆聽《梁祝》小提琴協奏曲中那份美麗的憂傷，叫人情不自禁去追溯那段淒美的愛情，神往那段幽婉的蝴蝶之舞，流連那傾注了太多思念的樓台……

　　音樂是人生命中最親密的朋友，不僅可以帶來無限的快樂，一般來說，凡是喜歡音樂的人都喜歡唱歌，唱歌對於人的身心健康大有裨益。醫學家研究發現，唱歌時進行深呼吸可增大肺活量，鍛鍊肋間肌肉，進而增強心肺功能，促進身體健康。人們在唱歌時往往處於興奮、激動的狀態，引吭高歌幾曲能驅除憂慮與煩惱，減輕工作、生活上的壓力，有利於心理健康。此外，優美動聽、富有哲理與人情味的歌詞，能給人以啟迪和美的享受，使人心情舒暢。

　　音樂不僅給你帶來快樂，還能減輕工作上的壓力，有利於心理健康。

工作之餘，泡杯茶

　　在每一個人的心靈深處都有著與生俱來的回歸自然、親近自然的渴望。而品茶正是人與大自然進行精神交流和感情溝通的最佳方式。人們認為「品茶者，獨品得神」。

　　當時的茶風也比較淳樸，透過茶道來修身養性，晚唐時的盧全以一曲《七碗茶歌》名揚四海，自唐以來，這首《七碗茶歌》歷經宋、元、明、清各代，傳唱千年不衰，歷代文人茶客品茗詠茶時，仍屢屢吟及。《七碗茶歌》

問世以後，由於其琅琅上口，所以在民間廣為流傳，幾乎成了眾吟唱茶的典故，為歷代文人茶客稱頌，「七碗」「兩腋清風」成了品茶的代稱。

一碗喉吻潤，二碗破孤悶，三碗搜枯腸，唯有文字五千卷。

四碗發輕汗，平生不平事，盡向毛孔散。

五碗肌骨輕，六碗通仙靈。七碗吃不得也，唯覺兩腋習習清風生。

這種破孤悶，肌骨輕，通仙靈，渾然忘我的美妙感覺和無窮的樂趣，對人的心身健康是十分有益的。

另外，「文武之道，一張一弛」。現代人無論是從政還是經商，無論是做工還是務農，人生在世，無論從事什麼行業都面臨著激烈的競爭，都要全力去奮鬥去打拚。若能偷得浮生半日閒，抽個空，靜心下來品茶，就好像是到了心靈驛站，使自己終日緊繃著的心弦得以鬆弛，使自己疲憊的心得到歇息，放下外界社會壓在自己心頭的重負，可使全身氣脈暢通，血氣調和，從而心情怡悅，達到延年益壽的目的。

喝茶能靜心、靜神，有助於陶冶情操、去除雜念，這與提倡「清靜、恬澹」的東方哲學思想很合拍，也符合佛道儒的「內省修行」思想。「茶道」是一種以茶為主題的生活禮儀，也是一種修身養性的方式，它透過沏茶、賞茶、品茶，來修練身心。

茶以清雅、淡泊為其妙韻。茶的精神是樸素、恬淡、清廉。茶業祖師陸羽一生潛心研究茶道，在他的名著，也是首本關於茶的專著《茶經》中，他分「茶之源、茶之煮……」等十大內容論述了茶的各方各面，尤其提到煮茶是一件有高度技巧、更有高度精神內涵的難事。煮茶與茶品、水品有關，更與煮茶人的情趣、品味、心境密切相關，這一過程不僅是品茶的重要步驟，

更具有調節心理狀態，有益養心養生的內涵。

　　在這裡我們將介紹 11 道經典居家茶，在你工作繁忙之餘品上一杯淡淡的香茶，身體的疲倦頓刻煙消雲散，讓你更有活力，更有精神。

（1）烏龍茶

　　烏龍茶也叫青茶，是一種半發酵茶。它綜合了綠茶和紅茶的製法，品質介於二者之間，既有紅茶的濃郁，又有綠茶的清香。烏龍茶中含有大量的茶多酚，可以提高脂肪分解酶的作用，降低血液中的膽固醇含量，有降低血壓、抗氧化、防衰老及防癌等作用。

　　原料：烏龍茶

　　做法：簡單的用開水沖。

　　功效：助消化、去痰、解酒食油膩之毒、消脂。

（2）薏仁茶

　　薏仁是一種美容健康食品，常食可以保持人體皮膚光澤細膩，消除粉刺、雀斑、老年斑、妊娠斑、蝴蝶斑，對脫屑、痤瘡、皸裂、皮膚粗糙等都有良好療效。此外，薏仁還具有排水瘦身功效，特別是對臉部和下身浮腫肥胖非常有效。如果你是單純的水分滯留造成的浮腫，那麼推薦你飲用薏仁茶。

　　原料：炒薏仁 10 克、鮮荷葉 5 克、山楂 5 克。

　　做法：熱水煮開，就可以飲用了。

　　功效：清熱、利溼、治療水腫。

（3）荷葉茶

荷葉為多年水生草本植物蓮的葉片，其化學成分主要有荷葉鹼、檸檬酸、蘋果酸、葡萄糖酸、草酸、琥珀酸及其他抗有絲分裂作用的鹼性成分。藥理研究發現，經過炮製後的荷葉味苦澀、微咸，性辛涼，具有清暑利溼、升陽發散、袪瘀止血等作用，對多種病症均有一定療效。所以，如果你感到情緒低落、精神壓力大，而產生便祕現象，那麼就推薦你飲用荷葉茶。

原料：荷葉 3 克、炒決明子 6 克、玫瑰花 3 朵。

做法：用開水沖泡。

功效：清暑利溼、治水氣浮腫。

注意：必須是第一次泡出的濃茶，才能充分利用荷葉茶的減肥效果，第二次泡的茶毫無效果。

（4）決明子茶

決明子是一種中草藥材，具有清肝火、袪風溼、益腎明目等功能。除藥用成分外，決明子還含有多種維生素和豐富的胺基酸、脂肪、碳水化合物等，堅持喝，對治療便祕有很好的效果。

原料：決明子茶。

做法：熱水沖泡。

功效：清肝明目、利水通便。

（5）大麥芽茶

大麥芽是民間常用的植物藥。據記載，大麥芽甘鹹微寒，有健胃消食和

回乳消脹等藥效。夏季飲用焦大麥茶，還可消暑開胃。所以，如果你體內排氣不暢，或者腹脹、胃脹，推薦飲用大麥芽茶。

原料：炒麥芽 5 錢、山楂 5 分。

做法：加冰糖水沖飲。

功效：開胃健脾、和中下氣、消食除脹。

(6) 檸檬茶

檸檬茶富含維生素 C，不僅能美白肌膚，還具有消脂、去油膩的瘦身功效。

原料：檸檬切片。

做法：榨出檸檬汁，用溫水沖調，加入適量蜂蜜。

功效：消脂肪、助消化、美白肌膚、滋潤肺腑。

(7) 普洱茶

普洱茶除了解渴、品茗之外，更有消食減肥及祛病的功效。並且具有殺死癌細胞、抗突變、防癌功能及減肥降血脂作用。在臺灣、日本、法國、德國、義大利、港澳、韓國等地，更有美容茶、減肥茶、益壽茶、瘦身茶之良飲神品美稱。

原料：普洱茶葉、乾菊花 5 朵。

做法：熱水沖泡。

功效：幫助消化、消除油脂。

（8）玫瑰花茶

玫瑰花茶香氣厚鬱，其性溫和、可調血氣、助生理期調理、調經理帶、補血、促進血液循環、改善體質等功效，是養顏美容、消除疲倦、解毒的美味飲品。

原料：玫瑰花 5 克。

做法：溫開水沖泡。

功效：活血散淤、治肝胃氣痛。

（9）菊花茶

菊花茶對口乾、火旺、目澀，或由風、寒、溼引起的肢體疼痛、麻木的疾病均有一定的療效。健康的人平時也可飲用，可清火、減肥的作用。

原料：幾朵乾菊花。

做法：直接以熱水沖泡。

功效：清暑退熱解毒、消脂肪、降血壓。

（10）陳皮茶

陳皮味苦，有芳香，可提神開胃。如果一不小心吃得太多，油膩，沒關係，泡一壺陳皮茶，去去油膩吧。

原料：陳皮 4 克。

做法：沸水沖泡。

功效：理氣調中、疏肝健脾、導滯消積。

（11）山楂茶

山楂所含的成分可以助消化、擴張血管、降低血糖、降低血壓，對於喜歡吃肉的肥胖者來說，山楂茶是最適合的飲品。

原料：山楂 10 克。

做法：用水煎煮。

功效：能消除油脂、幫助排泄體內廢物，散淤化痰。

（12）酸溜根茶

飯後煮上一杯，既達到減肥的目的，又享受酸酸甜甜的好味道，是絕好的減肥好飲品。

原料：山楂 10 克、薺菜花 10 克、玉米鬚 10 克、茶樹根 10 克、糖少許。

做法：以上各味碾成粗末，煎湯取汁。

功效：利尿降脂，適於肥胖者和高血壓者。

工作之餘品一杯淡雅的香茶，讓疲倦頓刻煙消雲散，讓你工作起來精氣十足。

5 開卷有益，撫慰心靈

書籍是文化的沉澱和文化傳遞的使者，讀書能使人陶冶情操，增長知識，還是你保健益壽的良友，心理疏導的醫生。

眼下，我們身處於一個快節奏高速度，職場競爭日趨激烈的社會裡，工作中難免有不順心的事情，讓你焦躁不安，煩亂不堪，常常會生出一種迷途般的困惑與茫然。而急功近利奔波勞頓又使你給人未老先衰的感覺。在這個時候，你伸手向書，讓書香滋潤你的身心，你會很快遠離紛擾繁雜是是非

非，遠離焦慮緊張急功近利，書裡面自有一片風清月朗，鳥語花香。讀書如沐浴春風，你的身心會得到最簡明的恬淡與休閒，從而精神愉悅輕鬆，心情明淨豁亮，思想豐盈開朗！而這種心態和意境，恰恰是身心健康的一個重要標誌。

讀書可以延遲你的衰老。法國人有一句著名的座右銘說：「停止學習之日，即是開始衰老之時。」讀書是一種特殊的腦力勞動，既可以活動腦筋，促進血液循環，還可以作為一種休息。讀書還可以療疾排毒。南宋詩人陸游曾有詩云：「病經書卷作良醫。」在他看來，多讀書讀好書，不僅能陶冶性情啟迪智慧，而且有化解積鬱提神醫病之功效。另外，讀書笑也好哭也好，動了真情，就會流淚。讀書動情流淚，可以排毒，有益健康，這是科學證明的。

當我們讀的書多了，就能長知識、增見識、開胸懷、懂科學、明事理。遇到什麼事情，善於排解自己，安慰自己，能夠想得開，提得起，放得下，在生活中不至於為了蠅頭小利而斤斤計較，為了那些虛名物欲而累身煩心。讀書，不僅能使我們的靈魂得到淨化昇華，還會使我們的心靈更加健康年輕，這難道不是一劑促進健康長壽的良藥妙方嗎？

喜歡讀書。儘管不是博覽群書之人，但一生能手不釋卷，當是莫大的享受。尤其喜歡夜深入靜的時候讀書，那時候可以完全沉浸其中，達到物我兩忘之境界，再酌香茗一杯或清酒一盞，更是悠然自得似神仙了。而讀書，不僅僅是益智，更是對身體健康有百利而無一害。

現代生活節奏快，工作壓力大，各種利益競爭激烈，人際關係也複雜莫測，價值取向更是多元化，再加上都市汙染、噪音、環境惡化，容易造成人們煩躁不安、心理緊張、焦慮易怒，因此各種心理疾病也時有發生。其實各

第九章　玩得好才能做得好

種心理疾病不能單純的靠「生物醫學模式」治療就能奏效。常言道：心病還需心藥醫。心理治療有效的辦法之一就是「讀書療法」。

對於「讀書療法」之功效，古人早有論述。漢朝劉向曾言：「書猶藥也，善讀之可醫愚。」愚就是心智不開，狹隘蠻愚而懵懂，唯有讀書，能啟蒙心智，增長知識，開闊胸襟，高瞻遠矚。人一旦知識多起來，境界自然就高得多，凡事看得開想得通，不去患得患失、憂慮成疾，也就能及時化解各種憂思愁緒，保持健康開朗樂觀的心態，從而達到有病治病，無病強身的功效。

《三國演義》裡有一個膾炙人口的「讀書袪頭風」的故事。說的是曹操讀了陳琳寫的《討曹檄文》驚出一身的冷汗，竟因此使之久久折磨困擾他的「幾至不堪」的「頭風」病一下子就好了，由此可見讀書有時候真是一副靈丹妙藥。《唐詩紀事》甚至記載某人因讀杜甫的詩把瘧疾都治癒了，一時傳為笑談。

讀書的好處很多。常讀書自然耳聰目明，博聞強識，啟迪心智，開發智力，使思維永遠活躍，思想永遠新穎，腦細胞更新得更快。更主要的是讀書能使人沉靜下來，擺脫世俗的一些紛擾，能集中精力去想問題。而當各種憂愁侵襲時，讀書可以轉移注意力，平靜情緒，疏解心頭的鬱結，從而讓人保持和恢復恬靜樂觀的心境，心平氣和，這有利於舒經活絡，使體內的各部器官功能正常，動作暢通，從而達到了棄疾袪病長壽的目的。

曾有人挑選了 16 世紀以來 400 名歐美的偉人，看看其中哪類人的壽命最長，結果是讀書人居首，其平均壽命為 79 歲。有人曾對秦漢以來 13,088 名著名知識分子的壽命進行過統計分析，他們發現其平均壽命遠遠超過其他行業人的平均壽命。因此自古便有了「養心莫如靜心，靜心莫如讀書」之說。

讀書何以能夠靜心，首先在於它能使人知識淵博，明辨是非，懂得科

學，趨吉避凶。

《韓詩外傳》記載：春秋時，魯國有個名叫閔子騫的人，去拜孔子為師。開始時，他臉色乾枯，等過了一段時日，漸漸變得紅潤起來。孔子注意到了這個變化，覺得很奇怪，於是問其原因。閔子騫說：我生活在偏僻鄉下，到老師門下學習做人治國的道理，心裡十分高興，但看到達官貴人坐在華麗的車上，前後龍旗飄舞，又很羨慕，兩種情形在我腦子裡打架，因此，寢食難安，臉色乾枯。如今，我受老師的教化，精讀做人治國之書，懂得的道理日漸多了起來，因此能辨是非、知美醜了，對於那些「龍旗」之類的東西，再也不能打動我的心了，因而我的心情變得更加平和了，臉色也就紅潤起來了。

讀書可以靜心，還在於語言文字本身具有調節情感、解除煩惱、淡化憂鬱的功能。自古便有杜甫詩能除病痛的傳說。現代醫學專家發現，精神刺激可調節人體的免疫功能。以德國來說，請那些慢性病、神經系統及心理疾病的患者，閱讀不同情感色彩的書刊，病人康復得很快。美國心理學家勒納宣導「詩歌療法」，認為吟誦詩歌能改善心理和情緒狀態，有益身心健康。在義大利，醫學家和詩人連袂成立「詩藥有限公司」，出版具有不同主治功能的詩集，供患有不同心理疾病的病人對症選用，由此可見「開卷有益」非之一斑。

讀書，特別是閱讀那些出自大師之手的書籍，就是一次與大師的對話，與智者的交流，即便你不能完全理解，也是一次難得的精神之旅。人的心靈成長是一生中最基本和最重要的，心靈的成長需要滋養。

身在職場的你，工作之餘，不妨靜下心來讀一本書，既能得到智慧的滋養，也會使你的靈魂得到昇華和超脫。

第九章　玩得好才能做得好

放下工作，旅遊去

　　旅遊就是簡單的旅遊，簡單的行走，以一種淡然的方式，換一些空氣，找一方淨土，重新審視自己……

　　有人說旅遊是一種享受，有人說旅遊是一種經歷，有人說旅遊是一次心靈的淨化，同樣是旅遊，不同的人卻有著不同的注解。

　　旅遊，旅遊有助於人的心理健康。大自然風光對人的心理有著積極作用，這早已為古人所知。

　　自秦至清共有 259 位皇帝，有生卒年月記載的為 209 人。乾隆為什麼能高壽 89 歲呢？他生就風流倜儻，好拈花惹草，令女人一見傾心。他會念書、寫字、好吃、好玩、好色、好花錢，是十足的花花公子，他的長壽綜合因素大概有許多方面，但最主要也與他遍遊名山和大川分不開的，每次外出，浩浩蕩蕩，遊覽風景名勝，飽賞各地好風光，頗有一派風流情意和好心情。

　　有人說旅遊是一種享受，有人說旅遊是一種經歷，有人說旅遊是一次心靈的淨化，同樣是旅遊，不同的人卻有著不同的注解。

　　唐詩曰：

　　「清晨入古寺，初日照高村。

　　曲徑通幽處，禪房花木深。

　　山光悅身性，潭影空人心。

　　萬籟此俱寂，唯聞鐘磬音。」

　　古人作古詩來表達旅遊能陶冶人的性情，提高人的心理健康水準。對於我們現代競爭激烈的職場上，旅遊可以放鬆你緊繃的神經，減少你的壓力，

改善你的情緒，可以更好的讓自己傾聽心靈的聲音。我們不可能像富人那樣坐著飛機去國外旅遊，但如果有時間的話，離開熟悉的都市，熟悉的生活圈子，把煩心的事丟在一邊，去陌生的地方看看新奇的東西應該是可行的。

某公司的小李有一段時間，心情糟糕透頂，他對天天到處跑來跑去的工作感到倦怠。百般無聊中，他停止工作，賭氣要把過去十幾年中屬於自己應該休而從未休的公休假全部休完。於是，他帶上錢，獨自一人去了早就想去而沒時間去的環島，盡情的遊覽了陽明山、日月潭等美景，煩悶的心情在大自然的美景中得到了釋放。從此，他學會了從生活中得到快樂以減輕工作帶來的壓力。

對於忙碌的職場人來說，旅遊是舒緩壓力、放鬆心情、解放個性，感悟人生和世界的最好的方式，是學習和工作後的消遣和休息，是一項觀賞風光、陶冶情操、強身健體、增長見識、涉獵廣泛的有益的文化活動。當你攜帶著不同的心境邁入一個全新的環境，你所看到的是全新的風景和全新的臉孔，你會感到新奇，感到興奮，甚至會有豁然開朗的感覺。隨著老百姓生活水準的不斷提高，越來越多的人意識到了旅遊的好處，越來越多的人把旅遊變成了不可或缺的一項活動。

其實，出門旅遊，並不像許多人想像的那麼難。事實上，你不需要花很多的錢，也不需要帶很多的東西，你可以嘗試自助旅遊不跟旅行社，不跟團隊。你自己或者邀上幾個知心好友，背上行囊上路。你只需要遠離世俗的嘈雜生活，到一些旅遊景點或是完全陌生的地方，讓你自己置身於天然的美景之中，呼吸著清新的空氣，聞聞身邊的花香，看看藍天白雲，晒晒太陽，讓自由的心境任意翱翔。晚上再好好的睡上一覺。徹底放鬆以後，你自然而然就忘記了雜亂無章的工作給你帶來的壓力。

第九章　玩得好才能做得好

　　在都市上班族間有一種旅遊方式，常是指選定一個景區沿著少有人走過的路前進。這些旅行者一般是採用將車開到路的盡頭，然後開始下車步行。除了帳篷、睡袋、乾糧外，旅行者們通常僅準備一些諸如安全繩、一套換洗衣物等簡單裝備。一個週末裡他們會背上行囊徒步走上數十公里。

　　熱衷於旅遊的人，不少是平時工作緊張、壓力較大，但有知識且有一定經濟實力的人。其中多是醫生、大學教師、IT界從業人員和一些媒體工作人員。

　　這類旅遊可以鍛鍊人的身體和意志，還可以培養團隊合作精神，可以豐富生活，磨練意志，廣泛結交朋友。完全不同於一般意義上的旅遊。不僅可以自由選擇此前人跡罕至的旅遊地和線路，欣賞到正常旅遊團所無法見到的美景，更重要的是，「這種幾乎等同於孤島求生的旅遊必須靠團隊合作來完成，同時更能考驗一個人在完全陌生的野外的毅力」。這類線路中絕大多數都是沿著河道行走。「這樣景色更加美麗」。渴了喝點清冽清的山泉，餓了就吃乾糧，夜裡睡在帳篷裡數星星，聽溪流叮咚，這段期間回歸自然的滋味實在是美妙無窮。

　　在一種職場裡生活得太久，人就會變得麻木，就會失去擴展生活內容的可能。而進行一次旅遊，能讓我們感受到心靈的薰陶。身背行囊，腳蹬旅行鞋，意氣風發的旅遊去。整日為工作所累的你，再忙也別忘了給自己的心情放個假，再忙也別忘了抽個時間旅遊去。

　　放下工作，不妨讓自己旅遊去，釋放工作上的壓力，忘記不愉快的事，盡情的宣洩胸中的積鬱，將會感到身心輕鬆愉悅。

繪畫，在色彩中尋找精神

繪畫不僅僅是一門藝術，更是表達生活的一種方式;是情感的一種需要，更是一種調情趣、悅身心的心靈按摩。工作之餘不妨去學學繪畫。

繪畫，可以滋養處事不驚的內心世界，陶冶藝術魅力，煥發人的精神。歌德曾說:「人為煩惱而沉默時，神便賜予他表達的力量，那就是繪畫。」因此，在國外一些人把繪畫療法稱為技藝療法，它類似音樂療法和讀書療法，可以使人消除心理緊張，解除人為的一系列心理機能障礙。

1915 年 9 月，邱吉爾正當不惑之年，卻被免去了海軍大臣的職務，心情十分沮喪。一個偶然的機會使他迷戀上了繪畫，並因此而振作。從此，繪畫猶如「伴侶」，陪著他走完了一生。在這以後的 1921 年，邱吉爾的母親去世，3 歲的女兒也不幸夭折;1929 年至 1939 年邱吉爾離任首相職務;1945 年，他又在大選中落選。一次次的打擊，一次次的受傷害，都是繪畫撫平了他心靈的創傷。邱吉爾說:「如果不是繪畫，我幾乎活不下去，我無法承受這些打擊。」

藝術是人類精神活動的產物，是人們審美觀念的一種展現，繪畫就是人們最適宜的心靈表達方式。每一個人都可以像藝術家一樣去表現自己的情感，無論她的性格是開朗活潑還是孤僻憂鬱，完全都可以運用繪畫，將自己的經驗與感受，象徵性或具體的展現在圖畫當中，以作為一種陳述、回顧與整理。

不少研究已表明，繪畫對於調整人的狀態、釋放人的情緒，如憤怒、畏懼、妒忌、緊張、憂鬱、瘋狂、散漫、疲憊、自卑等，確實能達到良好的效果。有時人們在描述自己的真實感受時，語言往往顯得蒼白無力，用繪畫完

全可以自由的表達自己的願望和思想。而且，這種表達具有隱蔽性，沒有社會道德標準等方面的顧忌。

當你情緒低落時，精神亢奮時，心情緊張時，心煩意亂時，無所事事時，不妨去繪畫或者去欣賞繪畫。這不僅僅是親臨一門藝術，也是一種釋放心靈的需要。

煙波垂釣，「釣」的是一種心情

釣魚，在釣而不在魚，這可以消除因悶熱而產生的浮躁，使人心情平靜，怡養性情，增益身心。

歷史上，很多文人名士把「煙波垂釣」看成文雅活動。傳說，輔佐周文王推翻商朝的姜子牙，曾垂釣於渭水之濱。三國的諸葛亮垂釣，為的是轉移心情。據說美國總統羅斯福在國會辯論前，常常垂釣，為的是放鬆緊張的情緒。

炎熱的夏日裡，垂釣於河邊、池塘邊，繁茂的樹蔭下，清風吹來涼爽，吹來一排排綠浪，感受萬物的生機勃勃，聽樹上的蟬鳴，枝頭小鳥的歌唱，看鱗鱗碧波閃耀……如此祥和寧靜的環境，自然讓人心感清涼，煩躁之情一掃而光。心靜坦然，自然心寬體健，益壽延年。

陳君禮在《釣魚樂》中說：

垂釣湖畔心悠然，嫩柳絲絲掛我肩；

鳥語聲聲悅我耳，春風微微拂我臉；

湖光水影收眼底，愁情雜念拋天邊；

魚竿拉成彎弓形，上釣鯽魚活鮮鮮；

村人笑笑問我言：為啥一釣就半天？

釣來錦繡不老春，釣來幸福益壽年！

事實真是這樣，經常釣魚能促進健康。李時珍就曾指出，垂釣能解除心脾燥熱。夏日的炎熱往往使人煩悶、焦躁，所以夏天還是釣釣魚好。《養生隨筆》中又說「湖邊一站病邪除，養心養性勝藥補。」可見，釣魚確實是一項高雅、充滿樂趣、靜心靜神靜氣，有益健康的活動。

釣魚是一項很好的活動，不但能感受到大自然賦予人類的一大樂趣，而且還能得到陶冶情操，增強體質的大好益處。給自己些時間，拿起魚竿到大自然去，會讓你體會無窮的快樂。

第九章　玩得好才能做得好

第十章
隨身帶上七個工作好習慣

　　工作習慣在很大的程度上決定了一個人的工作效率和工作業績，隨身帶上好的工作習慣，相信你會從眾多的員工中脫穎而出。

第十章　隨身帶上七個工作好習慣

全力執行的習慣

很多企業家都有這樣的共識，凡是發展快且發展好的大型公司，都是執行力強的公司。美國微軟公司的前董事長比爾蓋茲曾坦言：「微軟在未來 10 年內，所面臨的挑戰就是執行力。」IBM 前總裁郭士納也有類似的觀點，一個成功的公司管理者應該具備三個基本特徵，即明確的業務核心、卓越的執行力及優秀的領導能力。

公司是一個執行的團隊。而團隊水準又主要展現於團隊的執行力，團隊的執行力分解到個人就是執行。什麼才是好的執行呢？一言以蔽之，即「全心全意、立即行動」。每一個員工的執行力，都決定著公司的團隊是否是一個優秀的團隊，是否是一個實踐目標的有效的團隊。

做一件事有好的決策不一定有好的結果，如果執行得不好，這個結果可能就會很糟糕。對於老闆而言，無論在什麼時候，身邊最需要的始終是做事主動、執行力強的員工，無論遇到多大的困難，都能夠不折不扣的執行命令，完成自己的任務。執行是一種主動服從上司，堅持將任務進行到底，直至圓滿結束的精神。執行需要高度的責任意識，要善於變通，而不是墨守成規，頑固不化。

沒有執行力就沒有核心競爭力。無論是企業高層、中層還是基層員工，如果每一個人都能保質保量的完成自己的任務，就不會出現執行力不佳的問題；如果每個人在每一個環節和每一個階段都做到一絲不苟，就不會有這麼多的推諉扯皮現象。如果執行力得到有效的落實，那麼企業的核心競爭力才會生生不息。反之，一個企業如果執行力做得很差，即便有再好的核心競爭力，企業發展也是一句空話。執行力並不是工具，而是工作態度。很多人工

作態度始終不夠認真，造成執行力的偏差。所以在端正態度後，管理者首先要做的是：從自身做起，用認真的態度來執行。所謂「上行下效」，你的行為必然會成為你的員工效仿的範本。

當然，執行力是在每一個環節、每一個層級和每一個階段都應重視的問題，企業的所有員工都應共同擔負起責任。不管從事什麼職業，處在什麼職位，每個人都有其擔負的責任，都應做好分內事，這也是執行力的基本要求。一個人連分內的事都做不好，何談執行呢？「在其位而不謀其政」或「在其位而亂謀其政」其結果必定是「失職」。「責任重於泰山」這句話是在提醒我們：履行責任是執行的首要任務！

所謂執行力就是個人設定目標，完成任務的能力素養。作為公司裡一名職員，培養自己有效的高水準執行能力會讓公司器重你。培養自己的執行力，首先要從行動開始，一個優秀的企業老闆會從你的行動中洞察出你的執行力。

著名的日產公司在招聘時，會請應聘者吃飯。對每位來應聘的員工，日產公司都要進行一項專門的「用餐速度」考試——招待應聘者一頓難以下嚥的飯菜，一般主考官會「好心」叮囑你慢慢吃，吃好後再到辦公室接受面試，那些慢吞吞吃完飯者得到的都是離開通知單。

日產公司認為，那些吃飯迅速快捷的人，一方面說明其腸胃功能好，身強體壯，另一方面說明他們往往做事富有魄力，執行能力強，而這正是公司所需要的。

對於日產公司的招聘方式，我們不難從側面看出，一個有執行素養的人首先是一個充滿活力，有熱情有魄力的人。一般來說，成就一番事業者，都應具備這樣的能力和素養。作為將要步入職場或已經工作的人來說，誰不想

擁有呢？除此之外，我們還要從以下幾個方面入手：

　　1. 作為一個職員，以專業為導向的職業技能是必不可少的，它是執行能力的展現，更是個人素養和人格魅力的反映。它不僅指職業的態度，還指在具體的思考問題的方式和工作行為中展現出的專業、職業形象。專業的職業技能在很多優秀人才那裡，經常展現為：良好的時間管理能力、有效的溝通能力、高度的服務意識和讓客戶滿意的能力、準確的分析問題與解決問題的能力等等。

　　2. 要有果斷的決定。可以舉個例子來說明。有一位商人，想利用工作之餘做點生意。在眾人的參謀下，他先是看上了某品牌化妝品的獨家代理。接下來，市場調查、目標顧客的需求分析、前景及風險預測、和廠商接觸談判、日後的市場具體運作等等，可謂周詳，花去了幾個月的時間。正在猶豫中，他在本市最大也是最有影響力的大樓裡發現了不願看到的一幕：

　　在一樓大廳的顯著位置竟設立了該品牌的專櫃！經打聽，早在一個月前，就有人捷足先登了。在我們身邊有不少類似的創業者，他們有了創業夢想不是立即著手去做，而是將事前的每一個細節都要做好，以求「萬事俱備」。這種人看似「一直在努力」，其實，他們不知道自己真正該忙的是什麼，更不懂得創業失敗的原因大都是因為執行力不夠，而不在於計畫本身，結果「磨刀」卻誤了「砍柴工」。創業也好，工作也好都要有果斷的決定。

　　3. 鍛鍊堅強的意志，為自己創造機會。也不妨舉個例子。老鷹是世界上壽命最長的鳥類，牠的一生可以長達 70 年。不過要活那麼長的壽命，牠在 40 歲的時候，必須做出一個困難卻非常關鍵的決定。因為當老鷹活到 40 歲時，牠的爪子開始老化，無法有效的抓住獵物，牠的喙也漸漸變得又長又彎，幾乎碰到胸膛。而牠的翅膀也因為羽毛長得又濃又厚，所以變得十分沉

重，使得飛翔更加吃力。這時候的老鷹只有兩種選擇：等死，或是一個十分痛苦的蛻變過程。牠必須在懸崖上築一個特別的巢，並且停在那裡，不得飛翔，經歷長達 150 天的痛苦過程。老鷹首先用牠的喙敲擊岩石，直到完全脫落，然後靜靜的等待新的喙長出來。接著，牠再用新長出來的喙，把原來的爪子一根一根的拔出來。然後當新的爪子長出來後，再把自己身上又濃又密的羽毛一根根的拔掉。五個月後，新的羽毛長出來了，老鷹重新開始飛翔，再繼續 30 年展翅翱翔的歲月。

4. 要有韌性，韌性首先表現為一種堅強的意志，一種對目標的堅持。「不以物喜，不以己悲」，認準的事，無論遇到多大的困難，仍千方百計的完成。麥當勞的創始人雷‧克洛克最欣賞的格言是：「走你的路，世界上什麼也代替不了堅忍不拔：才幹代替不了，那些雖有才幹但卻一事無成者，我們見得多了；天資代替不了，天生聰穎而一無所獲者幾乎成了笑談；教育也代替不了，受過教育的流浪漢在這個世界上比比皆是。唯有堅忍不拔，堅定信心，才能無往而不勝。」

對於今天萬般變化的市場來說，卓越的執行能力和應對環境變化的素養更為重要。在變化劇烈的市場中，機會也是稍縱即逝的。為了企業的前途，我們需要提升員工這方面的素養。

摒棄藉口的習慣

那些在工作中推三阻四，總是抱怨客觀因素，尋找各種藉口為自己開脫的人，往往在職場中是被動者，他們勞累一生卻很難有出色的業績。

有的人養成了找藉口的習慣，常常用一些漂亮的言辭來掩蓋。說什麼

第十章　隨身帶上七個工作好習慣

「我正在分析」，可是無數個月過去了，他們還在分析。他們沒有意識到，他們正在受到某種被稱之為「分析麻痺」的病毒的侵蝕，這樣只會使他們越陷越深，永遠也不能實現自己的夢想。還有另外一種人形成拖沓的習慣是以「我正在準備」做掩護，一個月過去了，他們仍然在準備，好多個月過去了，他們還沒有準備充分。他們沒有意識到這樣一個嚴重的問題，他們正在受到某種被稱為「藉口」的病毒的侵蝕，他們不斷為自己製造藉口。「我正在等候時機」……在這些藉口託辭的掩蓋下，放任著自己。

有不少人習慣於以種種藉口來拖年度日，而不是找理由謀生。他們總是不斷的為自己找藉口，給自己作辯解，為自己尋求安慰：「它本來可以這樣的」、「我本來應該」、「我本來能夠」、「如果當時我……該多好啊」，生命不是開玩笑，從來就沒有虛擬語氣的說法。我們之所以會把問題擱置在一旁，最主要的原因就在於我們還沒有學會對自己的人生負責任，這也是我們後來後悔的時候痛苦不堪的原因。

著名的美國西點軍校有一個悠久的傳統，那就是遇到學長或軍官問話，新生只能有四種回答：

「報告長官，是。」

「報告長官，不是。」

「報告長官，沒有任何藉口。」

「報告長官，我不知道。」

除此之外，不能多說一個字。

新生可能會覺得這個制度不近情理，例如軍官問你：「你的腰帶這樣算擦亮了嗎？」你的第一反應必然是為自己辯解。但遺憾的是，你只能有以上四

種回答，別無其他選擇。

所以對待剛才上面的那個問題，你也許只能說：「報告長官，不是。」

如果軍官再問為什麼，唯一的恰當回答只有：「報告長官，沒有任何藉口。」

這一方面是要新生學習如何忍受不公平 —— 人生不可能永遠公平，同時另一方面也是讓新生們學習必須勇於承擔責任的道理：現在他們只是軍校學生，恪盡職責可能只要做到服裝儀容的整潔即可，但是日後他們的責任卻關乎其他人的生死存亡。因此，「沒有任何藉口！」

從西點軍校出來的學生許多人後來都成為傑出將領或商界奇才，不能不說與在西點軍校培養成的「沒有任何藉口」的觀念存在著密切的關係。同樣，那些在職場中，從來不會為完不成工作任務或出現問題而尋找藉口的，他們往往在職場中能創造出優異的成績。因此，要想成為一名優秀的員工，一定要做到：不找藉口，只找辦法。

休斯‧查姆斯在擔任「國家收銀機公司」銷售經理期間曾面臨著一種最為尷尬的情況：該公司的財務發生了困難。這件事被在外頭負責推銷的銷售人員知道了，並因此失去了工作的熱忱，銷售量開始下跌。到後來，情況更為嚴重，銷售部門不得不召集全體銷售員開一次大會，全美各地的銷售員皆被召去參加這次會議。查姆斯先生主持了這次會議。

首先，他請手下最佳的幾位銷售員站起來，要他們說明銷售量為何會下跌。這些被叫到名字的銷售員一一站起來以後，每個人都有一段最令人震驚的悲慘故事要向大家傾訴：商業不景氣、資金缺少、人們都希望等到總統大選揭曉後再買東西等。

第十章　隨身帶上七個工作好習慣

　　當第五個銷售員開始列舉使他無法完成銷售配額的種種困難時，查姆斯先生突然跳到一張桌子上，高舉雙手，要求大家肅靜。然後，他說道：「停止，我命令大會暫停 10 分鐘，讓我把我的皮鞋擦亮。」

　　然後，他命令坐在附近的一名黑人小工友把他的擦鞋工具箱拿來，並要求這名工友把他的皮鞋擦亮，而他就站在桌子上不動。

　　在場的銷售員都驚呆了，他們有些人以為查姆斯先生發瘋了，人們開始竊竊私語。這時，只見那位黑人小工友先擦亮他的第一隻鞋子，然後又擦另一隻鞋子，他不慌不忙的擦著，表現出第一流的擦鞋技巧。

　　皮鞋擦亮之後，查姆斯先生給了小工友一毛錢，然後發表他的演說。

　　他說：「我希望你們每個人，好好看看這個小工友。他擁有在我們整個工廠及辦公室內擦鞋的特權。他的前任是位白人小男孩，年紀比他大得多。儘管公司每週補貼他 5 美元的薪水，而且工廠裡有數千名員工，但他仍然無法從這個公司賺取足以維持他生活的費用。

　　「可是這位黑人小男孩不僅可以賺到相當不錯的收入，既不需要公司補貼薪水，每週還可以存下一點錢來，而他和他的前任的工作環境完全相同，也在同一家工廠內，工作的工具也完全相同。

　　「現在我問你們一個問題，那個白人小男孩拉不到更多的生意，是誰的錯？是他自己的錯，還是顧客的？」

　　那些推銷員不約而同的大聲說：「當然了，是那個小男孩的錯。」

　　「正是如此。」查姆斯回答說，「現在我要告訴你們，你們現在推銷收銀機和一年前的情況完全相同：同樣的地區、同樣的環境以及同樣的商業條件。但是，你們的銷售成績卻比不上一年前。這是誰的錯？是你們的錯，還是顧

客的錯？」

同樣又傳來如雷般的回答：「當然，是我們的錯。」

「我很高興，你們能坦率的承認自己的錯。」查姆斯繼續說：「我現在要告訴你們。你們的錯誤在於，你們聽到了有關本公司財務發生困難的謠言，這影響了你們的工作熱情，因此，你們不像以前那般努力了。只要你們回到自己的銷售地區，並保證在以後 30 天內，每人賣出 5 台收銀機，那麼，本公司就不會再發生什麼財務危機了。你們願意這樣做嗎？」

大家都說「願意」，後來果然辦到了。那些他們曾強調的種種藉口：商業不景氣、資金缺少、人們都希望等到總統大選揭曉以後再買東西等，彷彿根本不存在似的，統統消失了。

企業永遠都需要這種不找任何藉口對待工作的人，一個不找藉口的員工，肯定是一個會想辦法、勇於負責的員工。對員工來說，無論做什麼事情，都要記住自己的責任，無論在什麼樣的工作職位上，都要對工作負責。

但在工作中，我們經常會聽到這樣或那樣的藉口。藉口就是告訴我們不能做某事或做不好某事的理由，它們好像是合情合理的解釋，冠冕而堂皇：上班遲到了，會有「生病了，起得晚」、「路上塞車」、「鬧鐘壞了」、「今天家裡事太多」等等藉口；業務拓展不開、工作無業績，會有「制度不行」、「行業蕭條」、「別人也做得不行」、「還有做得比我更差的呢」或「我已經盡力了」等等藉口。總之事情做砸了有藉口，任務沒完成有藉口。

善找藉口的人是思想的懶人、行動的矮子。他們不去動腦筋、想辦法找出解決問題的方案，他們也缺乏一種勇於承擔工作、完成任務的責任精神。他們身上有一種消極心態在作怪。

當然，有些事做起來確實有難度，要多動腦筋，多想辦法，多找對策，敢於承擔，就一定能消除找藉口這個不好的習慣。

創新工作的習慣

創新性思維是現代職場中最具競爭力的思維。在現代職場中，競爭如此激烈，不論是產品上、技術上、人才之間，還是市場，都存在著競爭，只有創新企業才能立於不敗之地，也只有創新的員工才能在職場上站有一席之地。

日本東芝電氣公司的一個小職員，就因為打破常規，讓自己在職場上走向了成功。

日本的東芝電氣公司 1952 年前後曾一度積壓了大量的電扇賣不出去，7萬多名員工為了打開銷路，費盡心機的想辦法，依然進展不大。

有一天，一個小職員向當時的董事長石板提出了改變電扇顏色的建議。在當時，全世界的電扇都是黑色的，東芝公司生產的電扇自然也不例外。這個小職員建議把黑色改成淺色。這一建議立即引起了董事長的重視。

經過研究，公司採納了這個建議。第二年夏天，東芝公司推出了一批淺藍色電扇，大受顧客歡迎，市場上甚至還掀起了一陣搶購熱潮，幾十萬台電扇竟在幾個月內一銷而空。從此以後，在日本以及在全世界，電扇就不再是一副相同的黑色臉孔了。作為公司的功臣，這位小職員成為公司的股東。

創新是個人發展的不竭動力，是事業成功的主要前提，因此說創新是職場成功的人所必須具備的能力。要擁有「為了完成任務，必要時不惜打破

成規」的勇氣和魄力。敢於創新、有獨立解決問題的能力，才能圓滿的完成任務。

創新能夠使我們得到更快的發展與進步，創新是走向成功的一條捷徑。在科學技術日新月異、社會發展瞬息萬變的時代，我們更應有創新精神、創新能力。開發、培養、增強自己的創新能力，不妨從以下幾個方面入手：

(1) 優化知識結構

知識是對前人智慧成果的繼承，是形成創造力的必要條件，離開了紮實的知識基礎，就不可能順利的開展創造性活動。在其他條件相同的情況下，多掌握一些知識，就會多一條思路。現代社會的發展要求我們不能只擁有單一的學科知識，而必須擁有跨學科的豐富的知識結構。如此，才會多一種專業眼光來分析問題、解決問題，才會比知識結構單一的人更容易產生豐富的聯想，因而也更加容易形成創新思維。

(2) 不斷學習

創新能力來自不斷的學習。一個現在有創新能力的人，如果不注重學習，也會落後，也會缺乏創意。創新能力的提升要求人們頭腦清醒，不斷學習吸取新東西。例如：在西門子，要求每一個員工都能積極主動的從工作過程中學習、向同事學習、從商業實踐經驗中學習，並透過和他人分享知識來學習，保證自己的進步和未來的成長。

(3) 勤於思考

創新能力源於創新思維，而創新思維源於思考。可以說沒有思考就沒有

創新。這些具有創造力的人無疑是喜歡思考的，但他們並非都是天才。不同的是他們更善於思考並能迸出靈感的火花，這都是因為他們很敏感，想像力豐富，很留心身邊的一切事情，是頭腦靈活的有心人。

(4) 創新求變

　　積極開拓，創新求變，就要打破因循守舊的思想觀念，因循守舊是創新的大敵。在因循守舊狀態下，我們會逐漸失去對創新的興趣。因循守舊其實是一種沒自信的表現，以及對不可知的未來的恐懼感。如果人類總是保持因循守舊的觀念，那麼今天的我們，就一定還是過著茹毛飲血、刀耕火種的生活。因此，創新就需要跟因循守舊思維作鬥爭。

(5) 打破思維的定式

　　打破思維上的定式和慣性，從反方向思考，將會有意想不到的結果。美國著名管理大師傑佛瑞說：「創新是做大公司的唯一之路。」沒有創新，企業管理者肯定會毫無作戰能力，也根本不會有繼續做大的可能。同樣的道理，創新是一個員工的立身之本。創造力本身並不是奇蹟，人人都具備它。只要你打破固有的思維定式，創新之花就會開放。

(6) 善於觀察，勇於實踐

　　創新並不是少數天才的專利，每個人都能創新，只要你善於觀察，勇於實踐。創新或許來自於工作中的細枝末節，或許來自於某個靈感的啟示，如果沒有敏銳的觀察力和勇於實踐的決心，又怎能抓住這些靈感？所以說，敏銳的觀察力和實踐的勇氣是創新取得成功的關鍵。

工作需要創新，創新會讓你很快脫穎而出。

積極主動的習慣

卡內基曾經告訴拿破崙・希爾，有兩種人不會成大器：一種是除非別人讓他做，否則絕不會主動做事的人；另一種是別人讓他去做，也做不好事情的人。只有那些不需要別人去催促就會主動做事的人才會取得成功。

有這樣一則寓言故事：

一天，佛陀坐在金剛座上，開示弟子們道：

「世間有四種馬：第一種是良馬，主人為牠配上馬鞍，駕上轡頭，牠能夠日行千里，快速如流星。尤其可貴的是當主人一抬起手中的鞭子，牠一見到鞭影，便能夠知道主人的心意，輕重緩急，前進後退，都能夠揣度得恰到好處，不差毫釐。這是能夠明察秋毫、洞察先機的第一等良駒。

「第二種是好馬，當主人的鞭子打下來的時候，牠看到鞭影不能馬上警覺，但是等鞭子打到了馬尾的毛端，牠才能領會到主人的意思，奔躍飛騰。這是反應靈敏、矯健善走的好馬。

「第三種是庸馬，不管主人幾度揚起皮鞭，見到鞭影，牠不但遲鈍、毫無反應，甚至皮鞭屢次揮打在皮毛上，牠都無動於衷。等到主人動了怒氣，鞭棍交加打在牠結實的肉軀上，牠才能有所察覺，按照主人的命令奔跑。這是後知後覺的平凡庸馬。

「第四種是駑馬，主人揚起了鞭子，牠視若無睹；鞭棍抽打在牠的皮肉上，牠也毫無知覺；等到主人盛怒了，雙腿夾緊馬鞍兩側的鐵錐，霎時痛入

骨髓，皮肉潰爛，牠才如夢初醒，放足狂奔。這是愚劣無知、冥頑不化的駑馬。」

　　企業當中同樣存在著四種「馬」：良馬型的員工能夠主動學習、勇於擔責，知道自己該做什麼，也知道企業需要他做什麼，這種人最容易成功；好馬型的員工雖然不是最聰明的，卻也不差，別人稍加提醒，他馬上意識到問題的存在，承擔起自己的責任，也算好員工；庸馬型的員工則有如不怕滾水燙的死豬，做什麼活都得別人反覆提醒和催促，直到上司發怒了才開始慌亂起來，這種人一般令上司感到頭疼；不過，最糟糕的還是駑馬型的員工，又笨又懶，你說什麼，他都滿不在乎。只有當工作變得一塌糊塗，被開除的時候，他才後悔莫及，但是一切都已經晚了，企業永遠不需要這種員工。

　　我們也可以稱後兩種員工為懶驢型的員工。「挨一鞭，動一下」就用來形容敷衍工作的人，就好像「懶驢拉磨」，猛提醒、警告一下，這類員工才會走幾步，你不用「鞭子」去「抽打」他，他就不動。

　　世界會給你以厚報，既有金錢也有榮譽，只要你具備這樣一種品質，那就是主動。什麼是主動？《致加西亞的信》作者 —— 阿爾伯特·哈伯德告訴你：

　　主動就是不用別人告訴你，你就能出色的完成工作。

　　次之，就是別人告訴了你一次，你就能去做。也就是說，致加西亞的信。那些能夠送信的人會得到很高的榮譽，但不一定總能得到相對的報償。

　　再次之，就是這樣一些人，別人告訴了他們兩次，他們才會去做。這些人不會得到榮譽，報償也很微薄。

　　更次之，就是有些人只有在形勢所迫時才能把事情做好，他們得到的只

是冷漠而不是榮譽，報償更是微不足道了。這種人是在怠工。

最等而下之的就是這種人，即使有人追著他，告訴他怎麼去做，並且盯著他做，他也不會把事情做好。這種人總是失業，遭到別人蔑視也是咎由自取。

每一位老闆心中對員工有一種最強烈的願望，那就是：不要只做我告訴你的事，運用你的判斷和努力，為公司的利益、成功，去做你該做的事。

比爾蓋茲說：「一個好員工，應該是一個積極主動去做事，積極主動去提高自身技能的人。這樣的員工，不必依靠管理手段去觸發他的主觀能動性。」但在企業裡，很多員工常常要等上級吩咐做什麼事、怎麼做之後，才開始工作。這樣的員工沒有半點主觀能動性，不僅做不好事情，而且也難以獲得上司的認同。

在現代職場，過去那種聽命行事的工作作風已不再受到重視，懂得積極主動工作的員工將備受青睞。在工作中，只要認定那是你要做的事，哪怕看上去是「不可能完成」的任務，都要敢於接受挑戰，立刻採取行動，而不必等上司做出交代，只有這樣，才能在競爭中不被淘汰。

現在對於許多領域的市場來說，激烈的競爭環境、越來越多的變數、緊張的商業節奏，都要求員工不能事事等上司交代。那些依靠上司交代才能把事情做好的員工，就好像站在危險的流沙上，遲早會被淘汰。

就拿求職來說吧，只要積極主動，機會還是很多的。

有一位大學生希望到西門子的一個銷售部門去工作。當時這位負責人覺得他做研發非常適合，結果這個學生天天「纏」著這位負責人。最後，這位負責人猛然發現，這個同學的這種精神，正是做一個銷售所不可或缺的，於

是同意讓他去做銷售工作。沒多久這個學生就因為出色的銷售業績晉升了職位，擔任某都市的銷售代表。

任何公司、任何上司都希望用積極主動的員工。他們需要的是那些主動尋找任務、主動完成任務、主動創造財富的員工。那些工作時主動性差的員工，墨守成規、害怕犯錯，凡事只求遵守公司規則，上司沒讓做的事，絕不會插手；而工作時主動性強的員工，則勇於負責，有獨立思考的能力，必要時會發揮創意，以完成任務。

在工作中不要死板的守著公司的規則，不敢越雷池一步，關鍵時刻要敢於突破，不要讓環境牽著你的鼻子走。我們的事業、我們的人生不是上天安排的，是我們主動去爭取的。如果你主動行動起來，不但鍛鍊了自己，同時也為自己爭取職位積蓄了力量。

在競爭異常激烈的時代，被動就會挨打，主動就可以占據優勢地位。

敬業習慣

敬業，顧名思義就是尊敬並重視自己所從事的職業。把工作當成自己的事業一樣去努力或經營，秉持認真負責、任勞任怨、努力克服工作中遇到的各種難題，努力把自己的工作做到最好。

職業道德一直是貫穿人類工作的行為準則，在經濟迅速發展的今天，職業道德成為成就大事所不可或缺的重要條件。而敬業就是一個職場人應當具備的一種美德，敬業不僅僅是拿人薪資，替人工作，對上司有個交代，更重要的是要把工作當做自己的事業，要融合使命感和道德感，因為每個人的工

作都不只是為了謀生，我們還要透過工作實現自己的人生價值。

敬業精神是一種高尚的品質。如果你以一種尊敬、虔誠的心靈對待你的工作，甚至對工作有一種敬畏的態度，你就已經具有了敬業精神。

任何人的敬業程度都會影響到他的發展前景，團隊成員的敬業程度會影響一個公司的存亡。毫不誇張的說，一個國家能否繁榮強大，也取決於人民是否敬業。

我們常常提到的敬業就是要敬重自己的工作，以認真負責、盡心盡力、有始有終的態度來對待工作。敬業這種習慣，儘管當初並不能帶給你可觀的收入，但能肯定的是，長此以往，它一定可以給你帶來好處。而那些缺乏敬業精神的人，可以肯定，他們一定不可能取得成功。當一個人以懶散、粗心、沒有責任感的態度來對待他的工作時，他的工作品質和效率是絕不可能優秀的。

有一個木匠，他一直以勤奮敬業的態度深受老闆的賞識和重用。因為年老體弱、歸家心切，終於有一天，他告訴老闆，他想要辭去工作。老闆再三挽留，見他去意已決，只好答應他的辭職，但希望他能在臨走前，再幫自己造一座房子。木匠沒有辦法推辭，但他已沒有心思工作了，他一心只想回家。所以，在造房過程中，他再也不像過去那樣認真負責，在用料和選材上也馬馬虎虎，結果造出的房子和他以前的水準相去甚遠。

老闆對他的做法未置一詞。但等房子竣工的時候，老闆卻將鑰匙交給了木匠。他說：「這是你的房子。幾十年來，你兢兢業業的為我工作，這是我送給你最後的一份禮物。」

木匠一下愣住了，他感到羞愧萬分。一生精工細作的造了那麼多豪宅，

最後卻為自己建了這樣一間粗糙的房子。

　　不堅守自己的敬業精神，一味投機取巧，他們這樣做看起來是給老闆帶來了損失，實際上受損最大的還是自己。

　　那些有敬業精神的人，他們在任何地方、任何時候都做得非常出色，他們永遠都是最傑出的人才，因此，他們永遠都能得到最好的報償。

　　日本汽車「推銷大王」椎名保久，他發現在生意場合，人們習慣於用火柴替對方點菸，然後把剩下的火柴連盒留給對方。

　　於是，他向火柴廠訂製出了一種火柴，在盒上印上自己的名字、公司的電話號碼和公司附近的地圖，然後贈與自己的客戶。

　　一盒火柴很多根，每點一次煙，電話號碼和地圖就會出現在客戶面前一次，而一般吸菸者通常都是在興奮或困惑時才點菸抽，習慣凝視火柴來思考。這種「無意識的注意」會給人們留下特別深刻的印象。正是利用這小小火柴的影響，椎名保久的業務額大幅度上升並獲得了成功。

　　椎名保久的敬業精神成就了自己。他能在各種場合留意到各種對自己工作有益的事情，當這種敬業意識深植於腦海，那麼做起事來自然會積極主動，從而獲得更多的經驗並取得更大的成就。

　　具有敬業精神並不一定能成功，但若缺乏敬業精神則一定不會成功，你的敬業所帶來的直接結果是企業不斷發展以及個人的事業的成功；但你的不敬業不會推動公司的發展，同時也會葬送你的事業前程。不論你從事什麼職業，無論你在什麼職位上，工作報酬是高是低，身分地位是貴是賤，你都應該保持強烈的敬業精神和高度的敬業態度。敬業是你在職場生存和發展的資本，每當你的敬業精神增加一分，你的業績，你的成就就有可能增加十分。

員工需要敬業，這不僅是當今企業對員工的普遍要求，也是員工個人生存和發展的需要。

注重細節的習慣

有做小事的精神，就能產生做大事的氣魄，不要小看做小事，只要有益於工作、有益於事業，人人都應從小事做起，用小事堆砌起來的事業才是堅固的，用小事堆砌起來的工作長城才是牢靠的。

讓我們讀一則這樣的故事：

有三個人去一家公司應聘採購主管。他們當中一人是某知名管理學院畢業的，一名畢業於某商學院，而第三名則是一家民辦高校的畢業生。

在很多人看來，這場應聘的結果是很容易判斷的，然而事實卻恰巧相反──經過一番測試後，留下的卻是那個民辦高校的畢業生。

在整個應聘過程中，三人在專業知識與經驗上各有千秋，難分伯仲，隨後公司總經理親自面試，他提出了這樣一道問題，題目為：假定公司派你到某工廠採購 4,999 個信封，你需要從公司帶去多少錢？

幾分鐘後，應試者都交了答案卷。

第一名應聘者的答案是 430 元。

總經理問：「你是怎麼計算的呢？」

「就當採購 5,000 個信封計算，可能是要 400 元，其他雜費就算 30 元吧！」答者應對如流。

但總經理卻未置可否。

第二名應聘者的答案是 415 元。

對此他解釋道：「假設 5,000 個信封，大概需要 400 元左右，另外可能需用 15 元。」

第三名應聘者的答案是 449.92 元。

對此他解釋道：「信封每個 8 分，來回車票 10 元，午餐費 5 元，從工廠到車站用車搬信封用 35 元。因此總費用為 449.92 元。」

我們不管前兩名應聘者的回答是否正確，但他們的那種「可能」、「差不多」的工作觀念在職場中比比皆是，好像、幾乎、似乎、將近、大約、大體、大致、大概等等，成了「差不多」先生的常用詞。就在這些詞彙一再使用的同時，生產線上的次品出來了，礦山上的事故頻頻發生著，社會上違章犯紀、不講原則的事情也是屢禁不止。而與「差不多」的觀念相應的，是人們都想做大事，而不願意或者不屑於做小事。但事實上，芸芸眾生能做大事的實在太少，多數人在多數情況下只能做一些具體的事、瑣碎的事、單調的事。也許過於平淡，也許雞毛蒜皮，但這就是工作，是生活，是成就大事的不可缺少的基礎。

做任何事情，都竭盡全力，以求得盡善盡美的結果，那人類社會不知要進步多少。

養成敷衍了事的惡習後，做起事來往往就會不誠實。這樣，人們最終必定會輕視自己的工作，從而輕視他的人品。粗劣的工作，必會帶來粗劣的生活。工作是人們生活的一部分，做著粗劣的工作，不但使工作的效能降低，而且還會使人喪失做事的才能和動力。所以，粗陋的工作，實在是摧毀理想、墮落生活、阻礙前進的仇敵。

實現成功的唯一方法，就是在做事的時候，抱著非做成不可的決心，抱著追求盡善盡美的態度。而世界上創立新理想、新標準，扛著進步的大旗、為人類創造幸福的人，都是具有這樣素養的人。

有人曾經說過：「輕率和疏忽所造成的禍患是不相上下的。」

許多人之所以失敗，就是敗在做事不夠盡責、輕率這一點上。這些人對於自己所做的工作從來不會要求盡善盡美。

許多的年輕人，似乎不知道職位的晉升，是建在忠實履行日常工作職責的基礎上。只有目前所做的職業，才能使他們漸漸的獲得價值的提升。

有許多人在尋找發揮自己本領的機會。他們常這樣問自己：「做這種乏味平凡的工作，有什麼希望呢？」可是，就是在這極其平凡的職業和極其低微的位置上，往往藏著極大的機會。只要把自己的工作，做得比別人更完美、更迅速、更正確、更專注，調動自己全部的智力，從工作中找出新方法來，這樣才能引起別人的注意，從而使自己有發揮本領的機會，滿足心中的願望。所以，不論薪水是多微薄，都不可以輕視和鄙棄自己目前的工作。

在做完一件工作以後，應該這樣說：「我願意做這份工作，我已竭盡全力、盡我所能來做這份工作，我更願意聽取大家對我工作的批評。」

成就最好的工作，需要經過充分的準備，並付諸最大的努力。英國的著名小說家狄更斯，在沒有完全預備好要選讀的材料之前，絕不輕易在聽眾的面前誦讀。他的規矩是每日把準備好的材料讀一遍，直到六個月以後讀給大眾聽。法國著名小說家巴爾札克有時因為寫一頁小說，會花上一星期的時間。

許多人做了一些粗劣的工作，藉口往往是時間不夠，其實按照各人日常

的生活，都有著充分的時間，都可以做出最好的工作。如果養成了做事務求完美、善始善終的好習慣，人的一輩子必定會感到非常的滿足，而這一點正是成功者和失敗者的最大區別。成功者無論做什麼，都力求達到最佳境地，絲毫不會鬆懈；成功者無論做什麼職業，都會盡職盡責的去完成。

　　再小的事情做到極致就能成就大事。一些在各行各業出類拔萃的頂尖人士，成就也在不同領域開花結果，他們卻都有一個共同也是最基本的特點：關心細節，把小事做到完美。

思考的習慣

　　許多人整天忙忙碌碌的工作，卻不給自己留下一點思考的時間，也從來不注意培養自己良好的思維習慣和思維方法，因此，無論多麼努力和勤奮都無法取得成就。

　　最早完成原子彈核裂變實驗的英國著名物理學家拉塞福一天晚上走進實驗室，當時已經很晚了，他看見自己的一名學生依然伏在工作台上，於是問道：「這麼晚了，你還在做什麼呢？

　　學生回答說：「我在工作。」

　　那你白天做什麼呢？」

　　「我也在工作。」

　　「那麼你早上也在工作？」

　　「是的，教授，早上我也工作。」

　　於是，拉塞福提出了一個問題：「這樣一來，你用什麼時間思考呢？」

這個問題提得非常好！只要勤於動腦，成功就在自己的身邊。我們可以看到思維的重要性，思維是大腦思維活動的高級層次，是智慧的昇華，是大腦智力發展的高級表現形態。如果我們在工作中多些思考，那麼我們的工作都將會變得更加輕鬆，更加豐富多彩。

開普敦‧布朗先生一直在潛心研究橋樑的結構問題。當時要在他家附近的特威德河上建一座大橋，開普敦一直在構思如何設計一座造價低廉的大橋，畫出比較理想的圖紙來。在初夏的一個早上，晨露未乾，他正在自家的花園裡散步，看到一張蜘蛛網橫在路上。他突然靈感大發，一個主意湧上心頭。鐵索和鐵繩不正可以像蜘蛛網一樣連成一座大橋嗎？結果他發明瞭舉世聞名的懸索大橋。

當馬爾格茲‧沃賽斯特在套爾當囚犯時，有一次，他觀察到水壺裡的熱氣掀起水壺蓋子這一現象，從此他的注意力就集中到蒸汽動力這個課題上。他把觀察的結果發表在《世紀發明》這本雜誌上，相當一個時期，他的論文被當作探討蒸汽動力的教材使用。一直到後來，賽威樂、紐科門等人把蒸汽原理運用到實際生活中，製造了最初的蒸汽機。後來瓦特被叫去修理這台已屬於格拉斯哥大學的「紐科門機器」。這一偶然的事件給瓦特帶來了一次機遇，他花一輩子時間使蒸汽機完善起來。

培根說：勤於思考是一種美德。一位百萬富翁說：勤於思考是財富的源泉。他們將思考變成了一種習慣。高智商的人都有很強的思考能力，成功的結果並不是碰運氣得到的，只有善於思考才能發現成功的機遇。

拉開歷史的帷幕就會發現，古今凡是有重大成就的人，在其攀登事業高峰的征途中，都會給思考留下一定時間。據說愛因斯坦狹義相對論的建立，就經過了「10年的思考」。牛頓從蘋果落地領會出了萬有引力，有人問他有

第十章　隨身帶上七個工作好習慣

什麼訣竅，他回答說：「我並沒有什麼方法，只是對於一件事情作長時間的思考罷了。」

希臘哲學家蘇格拉底是人類有史以來最早的思考者之一，在他的學生柏拉圖記錄的《對話》中，他深邃而明晰的思想永垂青史。作為一位著名的哲學家，他創建了自己的學院，並用數十年時間，教授年輕人如何辯證的思考和分析重要的問題，並創造了名揚後世的「蘇格拉底方法。」

善於思考是創新能力的首要條件，而善於創新又是財富的重要來源，所以我們說：「財富是想出來的。」從古到今，有無數的人看到熟透的蘋果從樹上落到地上，但只有牛頓據此發現了萬有引力定律，因為只有他對這一大家熟視無睹的現象進行了認真而深刻的思考。

思考的力量是決定人生勝負成敗的關鍵，要想在工作中取得傲人的成績，必須把思考的時間留出來。

帶著頭腦去工作是最聰明的工作方式。

做個忙而不盲的上班族

ABC工作法、柏拉圖法則、週末效應⋯⋯一本書教你打破常規，創造專屬的高效工作法

作　　者：康昱生，田由申

發 行 人：黃振庭

出 版 者：崧燁文化事業有限公司

發 行 者：崧燁文化事業有限公司

E-mail：sonbookservice@gmail.com

粉 絲 頁：https://www.facebook.com/
　　　　　sonbookss/

網　　址：https://sonbook.net/

地　　址：台北市中正區重慶南路一段六十一號八
　　　　　樓815室
　　　　　Rm. 815, 8F., No.61, Sec. 1, Chongqing S. Rd.,
　　　　　Zhongzheng Dist., Taipei City 100, Taiwan (R.O.C)

電　　話：(02)2370-3310

傳　　真：(02) 2388-1990

印　　刷：京峯彩色印刷有限公司（京峰數位）

律師顧問：廣華律師事務所 張珮琦律師

國家圖書館出版品預行編目資料

做個忙而不盲的上班族：ABC工作
法、柏拉圖法則、週末效應⋯⋯ 一
本書教你打破常規，創造專屬的高
效工作法 / 康昱生，田由申著. --
第一版. -- 臺北市：崧燁文化事業
有限公司, 2022.03
　面；　公分
POD版
ISBN 978-626-332-188-5(平裝)
1.CST: 工作效率 2.CST: 時間管理
3.CST: 職場成功法
494.01　　111002943

電子書購買

臉書

定　　價：375元

發行日期：2022年03月第一版

◎本書以POD印製

獨家贈品

親愛的讀者歡迎您選購到您喜愛的書,為了感謝您,我們提供了一份禮品,爽讀 app 的電子書無償使用三個月,近萬本書免費提供您享受閱讀的樂趣。

READERKUTRA86NWK

ios 系統　　　　安卓系統　　　　讀者贈品

請先依照自己的手機型號掃描安裝 APP 註冊,再掃描「讀者贈品」,複製優惠碼至 APP 內兌換

優惠碼(兌換期限2025/12/30)
READERKUTRA86NWK

爽讀 APP

- 📖 多元書種、萬卷書籍,電子書飽讀服務引領閱讀新浪潮!
- 🎧 AI 語音助您閱讀,萬本好書任您挑選
- 🔍 領取限時優惠碼,三個月沉浸在書海中
- 🔔 固定月費無限暢讀,輕鬆打造專屬閱讀時光

不用留下個人資料,只需行動電話認證,不會有任何騷擾或詐騙電話。